L'eau ou le chaos

L'eau ou le chaos

- Le Grid Hydrique National -

Alain du SAULE

Mai 2026

FSC
www.fsc.org
MIXTE
Papier issu de sources responsables
Paper from responsible sources
FSC® C105338

Mentions légales

Édition : BoD · Books on Demand, 31 avenue Saint-Rémy,
57600 Forbach, bod@bod.fr

Impression : Libri Plureos GmbH, Friedensallee 273, 22763 Hambourg (Allemagne)

ISBN : 978-2-3228-3993-3

Dépôt légal : juillet 2026

Table des matières

Avant-propos

Je ne suis pas écrivain. Je ne suis pas hydrologue. Je ne suis pas climatologue. Je ne suis pas élu, ni fonctionnaire, ni lobbyiste.

Je suis un homme de 52 ans qui, depuis l'âge de 12 ans, essaie de résoudre des problèmes. Souvent j'y arrive mais parfois même si la solution existe, elle n'est pas forcément viable.

Petit-fils de paysan, j'ai passé une grande partie de mon enfance à la ferme. Je sais ce que c'est que de voir une rivière baisser en juillet. De regarder un grand-père scruter le ciel en cherchant la pluie. De sentir l'odeur de la terre sèche qui craque sous les semelles. Ce livre ne parle pas de l'eau en abstrait — il parle de quelque chose que j'ai vu, que j'ai senti, que j'ai compris avant même de savoir lire un rapport scientifique.

Autodidacte pour la plus grande partie de ce que j'ai appris, touche-à-tout — informatique, électronique, électricité, plomberie, mécanique, gestion, droit social — mes amis m'ont surnommé "géo-trouve-tout". Certains disent "savant fou". Je préfère : curieux incurable.

Toute ma vie, quand quelque chose me semblait manquer, je l'ai inventé.

C'est cette habitude — investiguer, comprendre, proposer — qui m'a conduit à écrire ce livre.

L'été 2022. Puis 2023. Puis encore. Les épisodes de chaleur s'accumulent, les arrêtés sécheresse se multiplient, et avec eux arrivent les restrictions : ne pas arroser, ne pas remplir, ne pas consommer. Le gouvernement découpe les droits à l'eau au compte-gouttes, par décrets, par interdictions, par sanctions.

Je suis viscéralement opposé aux mesures coercitives. Non par idéologie, mais par conviction profonde : une société qui interdit à la place de construire est une société qui abandonne ses citoyens.

Alors je me suis posé une question simple : *et si la solution n'était pas de restreindre, mais de stocker ?*

J'ai investigué. J'ai lu les rapports scientifiques, épluché les données du BRGM, étudié les mécanismes de financement européens, analysé ce qui se fait ailleurs. Et j'ai découvert que la solution existait — techniquement réalisable, financièrement viable, créatrice d'emplois et de richesse.

Ce que vous allez lire n'est pas un pamphlet de colère. C'est une proposition concrète, chiffrée, réplicable. Elle n'est pas venue d'un cabinet ministériel ni d'un think tank parisien. Elle est venue d'un citoyen ordinaire qui a pris le temps de chercher. Pour parvenir à la formuler correctement et intelligiblement, je me suis fait assister par des agents IA pour la vérification de la syntaxe, de la grammaire et des tournures de phrases, ainsi que pour la génération des infographies et illustrations.

Si j'ai trouvé une possible solution, vous pouvez la comprendre.

Et si vous la comprenez, vous pouvez la porter.

Alain du SAULE

Mai 2026

Chapitre 1 — La France a soif

Août 2022. Quelque part dans le Lot-et-Garonne.

Le robinet crache. Puis crépite. Puis rien.

Marie, 67 ans, agricultrice, pose son verre vide sur l'évier. Dehors, le maïs est jaune depuis trois semaines. La rivière qui longe sa propriété — celle où elle se baignait enfant — est devenue un ruban de boue craquelée. Le préfet a signé un arrêté la veille : plus d'irrigation. Plus d'arrosage. Plus rien. Elle n'est pas la seule.

L'été qui a tout changé

L'été 2022 restera dans les mémoires comme une rupture. Pas une anomalie — un révélateur. Ce qui s'est passé cet été-là était visible, mesurable, documenté — et personne n'avait de réponse.

Les chiffres sont brutaux :

- **97 % du territoire métropolitain** placé sous mesures de restriction d'eau, et **50 % en situation de crise** fin août [ch01-1]

- **Plus de 1 200 cours d'eau totalement asséchés** au 1er août 2022 — des rivières qui coulaient depuis des siècles [ch01-1]
- **Plus de 1 000 communes** sous mesures exceptionnelles de gestion de l'eau potable, dont **343 ravitaillées par camion-citerne** et **196 par bouteilles** [ch01-1]
- **500 millions d'euros** de pertes agricoles directes, avec des rendements amputés jusqu'à 49 % pour le maïs non irrigué [ch01-2]
- **3,5 milliards d'euros** de sinistres indemnisés par le régime Cat-Nat, sur un coût socio-économique total estimé à plus de 5 milliards d'euros [ch01-3]

Imaginez : plus de mille communes (voir illustration ci-après) sous mesures exceptionnelles, des centaines ravitaillées par camion ou par bouteilles. Le réseau d'eau potable français — l'un des plus denses du monde — a été pris en défaut sur des semaines entières.

Ce que "pénurie d'eau potable" veut vraiment dire

On lit ces mots dans les journaux et on passe à la suite. Prenons un instant.

Une commune en pénurie d'eau potable, c'est un maire qui reçoit un appel à 7 h du matin : la source est tarie. C'est une école qui ferme parce qu'on ne peut plus tirer la chasse d'eau. C'est une personne âgée seule qui attend le camion-citerne sous 38 degrés. C'est un restaurateur qui suspend son service du midi. C'est un éleveur qui regarde ses bêtes s'approcher d'une auge vide.

Ce n'est pas une image de pays pauvre. C'est la France. En 2022.

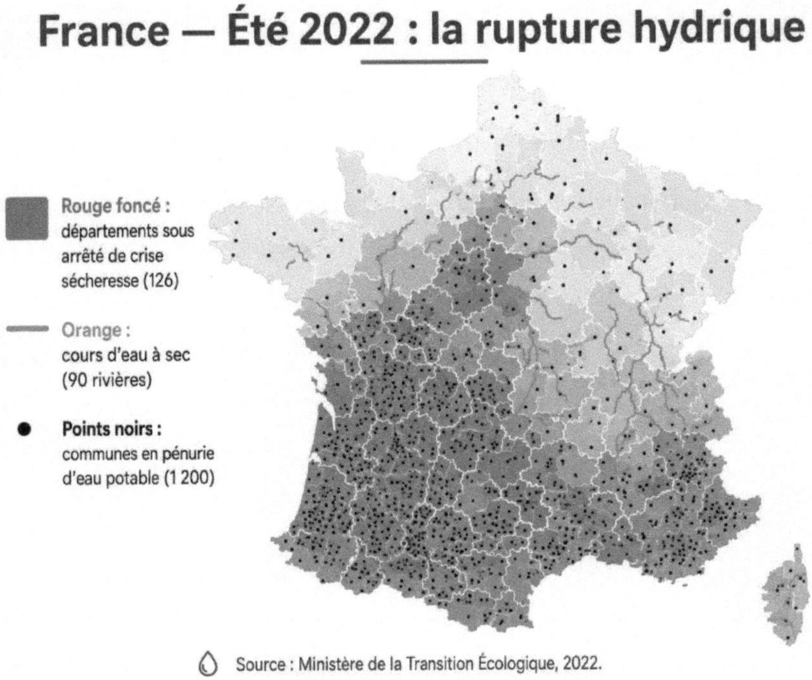

Pas un accident — une tendance

Ce qui s'est passé en 2022 n'est pas tombé du ciel. Les signaux s'accumulent depuis vingt ans.

Les nappes phréatiques baissent. Selon le BRGM — le Bureau de recherches géologiques et minières, l'organisme public de référence — **45 % des nappes phréatiques françaises sont en baisse chronique** [ch01-4]. Et ce ne sont pas 45 % répartis au hasard sur le territoire : ce sont quasiment toujours les mêmes zones — Sud-Ouest, Occitanie, PACA — les mêmes départements, été après été. Dans certaines nappes du Miocène en Adour-Garonne, la baisse atteint deux mètres par an [ch01-4]. Deux mètres. Chaque année. Sans se recharger.

Les rivières rétrécissent. Le débit moyen des cours d'eau français a baissé de **14 % depuis 1960** [ch01-5]. Sur certains bassins versants du sud de la France, la baisse dépasse 30 %.

Les sécheresses s'intensifient. La France a connu plus de sécheresses significatives entre 2015 et 2025 qu'entre 1960 et 2000 [ch01-5]. Ce sont des faits mesurés, pas des projections.

Le paradoxe français

Voilà ce qui rend la situation particulièrement absurde : la France n'est pas un pays aride.

500 milliards de mètres cubes de pluie tombent chaque année sur le territoire [ch01-6]. C'est colossal. À titre de comparaison, la consommation totale d'eau en France — agriculture, industrie, particuliers — représente à peine **33 milliards de mètres cubes par an** [ch01-7]. Soit **moins de 7 % de ce qui tombe du ciel**.

Alors pourquoi manque-t-on d'eau ?

Parce que l'eau tombe quand on n'en a pas besoin, et disparaît quand on en a besoin.

60 à 65 % des précipitations s'évaporent immédiatement — absorbées par les plantes, les sols, les surfaces [ch01-6]. Le reste ruisselle ou s'infiltre. Mais ce ruissellement se concentre en automne et en hiver, quand les rivières débordent et que les médias parlent d'inondations. L'été — quand les champs brûlent, quand les robinets crachotent, quand les préfets signent leurs arrêtés — l'eau, elle, est partie à la mer.

Nous ne manquons pas d'eau. **Nous manquons de capacité à la garder.**

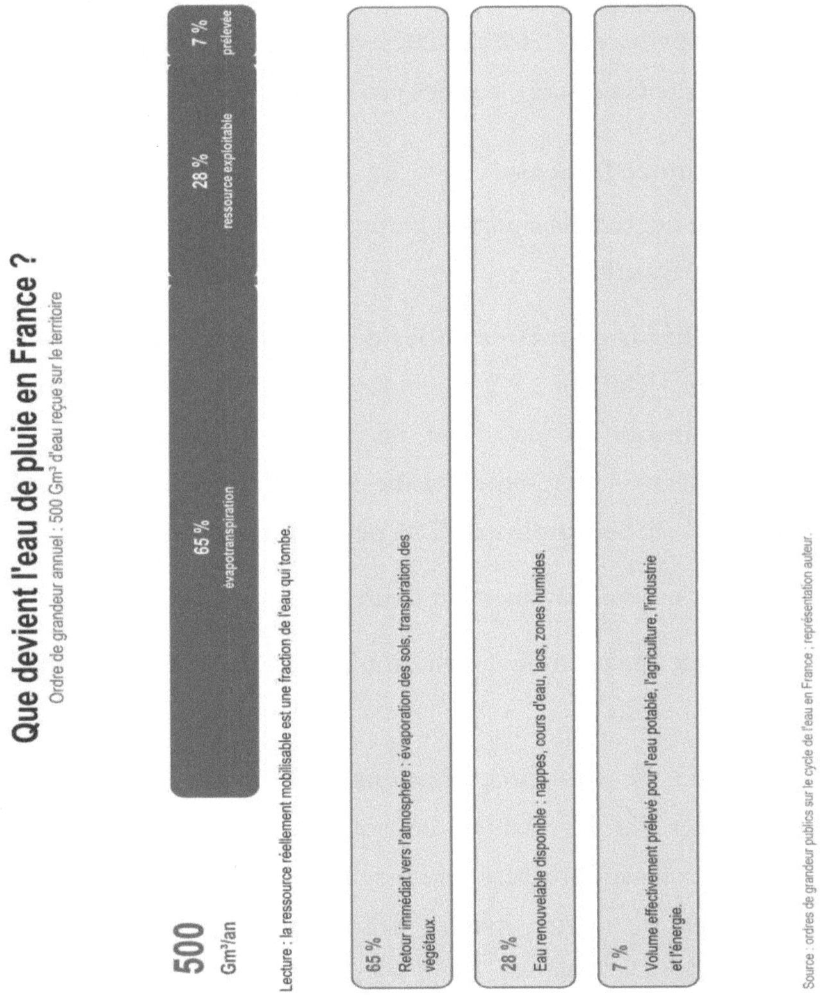

Ce que ça va coûter si on ne fait rien

L'été 2022 a coûté plus de 5 milliards d'euros à la société française. Ce n'était qu'un avant-goût.

Les projections sont claires [ch01-8] :

- **Coût cumulé des aléas naturels** (sécheresse, inondations, tempêtes) : 74,1 Md€ sur 1989-2019 ; **143 Md€** projetés sur 2020-2050.
- **Moyenne annuelle** : ~2,4 Md€/an sur 1989-2019 ; **~4,6 Md€/an** projetés sur 2020-2050.
- **Coût cumulé du seul péril sécheresse** : 13,8 Md€ sur 1989-2019 ; **43 Md€** projetés sur 2020-2050.

*Projection France Assureurs en euros constants 2020. La hausse projetée représente **+93 %** par rapport à la période 1989-2019. La sécheresse seule triple presque (×3,1), portée principalement par le retrait-gonflement des argiles dans cinq départements (Haute-Garonne, Gironde, Bouches-du-Rhône, Tarn-et-Garonne, Tarn).*

Quatre milliards six cents millions d'euros par an, en moyenne, pendant trente ans. Ce sont vos impôts. Vos primes d'assurance. La compétitivité de vos entreprises. La viabilité des exploitations agricoles qui nourrissent votre région.

Et ce chiffre ne compte pas le coût humain : les agriculteurs qui abandonnent, les communes rurales qui se vident, les tensions sociales qui montent. Souvenez-vous de Sainte-Soline, en 2023 — une manifestation contre une retenue d'eau qui a tourné à l'affrontement. Ce n'était pas un accident. C'était le symptôme d'une France qui n'a pas de réponse collective à la question de l'eau, et qui laisse les citoyens se battre entre eux pour ce qui reste.

La réponse du gouvernement : restreindre

Face à tout cela, que fait-on ?

On interdit. On restreint. On punit.

Arrêtés préfectoraux. Amendes pour arrosage interdit. Coupures d'irrigation. Quotas. Surveillance.

Ces mesures ne sont pas inutiles dans l'urgence. Mais elles ne résolvent rien. Elles organisent la pénurie plutôt que de la combattre. Elles demandent aux citoyens de consommer moins d'une ressource qui, techniquement, est abondante — simplement mal gérée.

C'est comme répondre à une panne d'électricité en demandant à tout le monde d'éteindre ses lumières, plutôt que de réparer le réseau.

Il existe une autre voie.

Elle n'est pas venue d'un ministère. Elle n'a pas été commandée par une commission parlementaire. Elle est née d'une question simple, posée par un citoyen qui en avait assez d'attendre que quelqu'un d'autre trouve la réponse.

C'est ce que vous allez découvrir dans les chapitres suivants.

Chapitre 2 — Ce que disent les chiffres

Un avertissement honnête

Ce chapitre s'appuie sur des données officielles françaises — BRGM, Eaufrance, Office français de la biodiversité, Haut-commissariat à la stratégie et au Plan. Des organismes publics, pas des militants. Des mesures, pas des modèles spéculatifs.

Une précision s'impose d'emblée : 2024 a été une bonne année pour les nappes phréatiques. En mai 2024, **65 % des niveaux étaient au-dessus des normales mensuelles** [ch02-1]. L'hiver 2023-2024 a été pluvieux, la recharge a été forte.

Certains en ont conclu que la crise était passée.

C'est exactement le genre de raisonnement qui mène au désastre.

La bonne année qui cache la tendance longue

Une bonne année de pluie ne reconstitue pas ce que dix ans de déficit ont consommé. Les nappes profondes — celles qui alimentent les puits, les sources, les rivières en été — se rechargent sur des décennies, pas sur un hiver.

Et même en 2024, les exceptions confirment la règle : **Pyrénées-Orientales, Aude, Corse** — toujours en déficit. Toujours les mêmes territoires. Toujours le Sud [ch02-1]. Ce n'est pas une anomalie. C'est une structure.

Les rivières qui disparaissent

L'Observatoire national des étiages (ONDE), mis en place en 2012 par l'Office français de la biodiversité, surveille l'assèchement des petits cours d'eau chaque été [ch02-2]. Ses données sont sans ambiguïté.

Entre 2012 et 2024, de plus en plus de rivières s'assèchent chaque été. En 2017, le Rhône — l'un des plus grands fleuves d'Europe — a enregistré une baisse de **30 % de son débit moyen annuel** par rapport à la moyenne des vingt années précédentes. À Beaucaire, en octobre 2017, le débit moyen mesuré n'atteignait que **460 m³/s, soit environ un tiers du débit normal pour cette période de l'année** [ch02-3].

Les projections officielles pour 2050 [ch02-4] : - Débit moyen annuel des rivières : **-10 à -40 %** - Débits estivaux : **-30 à -60 %** - Sécheresses plus longues, plus précoces, plus sévères

La France a connu plus de sécheresses significatives entre 2015 et 2025 qu'entre 1960 et 2000 [ch02-2]. Ce sont des faits mesurés, pas des projections.

Le rapport qui change tout

En 2025, le Haut-commissariat à la stratégie et au Plan — l'organisme officiel de prospective du gouvernement français — a publié une note d'analyse intitulée *"L'eau en 2050 : graves tensions sur les écosystèmes et les usages"* [ch02-5].

Son constat central :

> Sans inflexion des tendances actuelles, **88 % du territoire hexagonal pourrait être en situation de tension modérée ou sévère en été** à l'horizon 2050.

88 %. Ce n'est plus le Sud. Ce n'est plus "quelques départements à risque". C'est presque toute la France.

Et la dégradation ne se limitera plus à l'été : selon ce même rapport, les tensions hydriques s'étendront progressivement à **plus de six mois par an** dans la majorité du territoire [ch02-5].

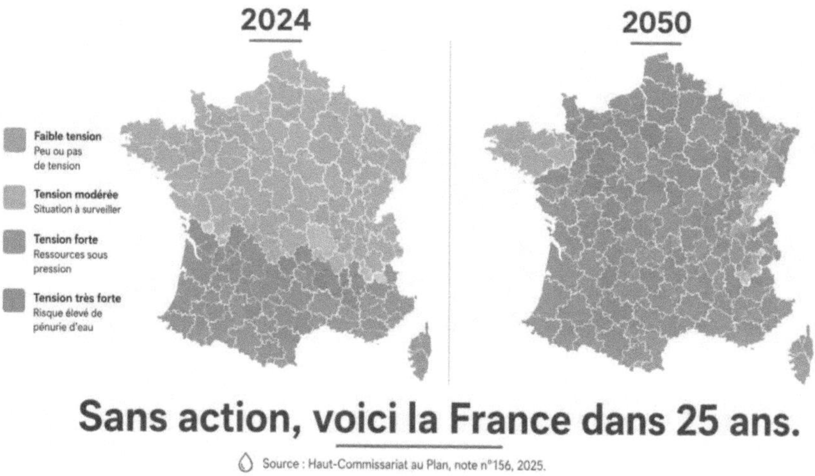

Traduire les chiffres en vie quotidienne

Que signifient concrètement ces projections pour votre quotidien ?

Pour votre robinet : 1 200 communes ont été ravitaillées par camion-citerne en 2022 [ch02-6]. À l'horizon 2050, sans action, c'est un risque structurel pour des milliers de communes rurales et périurbaines.

Pour votre assiette : Les régions en tension — Sud-Ouest, Occitanie, PACA — produisent une part décisive de l'alimentation française. Maïs, fruits, légumes, volailles, vignes. Une baisse de 40 % du débit estival dans ces bassins ne se traduit pas par des chiffres abstraits — elle se traduit par des exploitations abandonnées et une dépendance accrue aux importations.

Évolution des débits estivaux – tendance observée
1960
1990
2010
2017
2022
2050
Référence – débit normal des rivières
Premiers signes de baisse (-5%)
Baisse confirmée (-10% en moyenne nationale)
Rhône à -30% de son débit estival normal
90 rivières à sec en été
Projection – débits estivaux en baisse de 30 à 60%

Pour votre facture : France Assureurs projette que le coût cumulé des aléas naturels — sécheresse, inondations et tempêtes — atteindrait **143 milliards d'euros entre 2020 et 2050**, soit une moyenne de **4,6 milliards d'euros par an.** C'est **+93 %** par rapport à la période 1989-2019. Pour le seul péril sécheresse, le coût triple presque, passant de 13,8 à 43 milliards d'euros [ch02-7]. Ces coûts ne tombent pas du ciel — ils se retrouvent dans vos primes d'assurance, vos impôts locaux, le prix de vos courses.

Le seul scénario qui change la donne

Le rapport du Haut-commissariat à la stratégie et au Plan identifie plusieurs scénarios. Un seul permet d'éviter la catastrophe : ce qu'il appelle le **"scénario de rupture"** — une transformation profonde de la gestion de l'eau, pas des ajustements marginaux [ch02-5].

Ce scénario de rupture existe. Il ne vient pas d'un ministère, ni d'une agence, ni d'un parti politique. Il vient d'un citoyen qui a décidé de restaurer ce qu'on a laissé se dégrader.

C'est ce que vous allez lire dans l'Acte 2.

Chapitre 3 — La facture qui monte

Vous avez déjà commencé à payer

Vous ne l'avez peut-être pas remarqué. C'était une ligne sur votre contrat d'assurance, une mention dans les conditions générales.

Au 1er janvier 2025, la surprime "catastrophes naturelles" sur votre assurance habitation est passée de **12 % à 20 %** [ch03-1]. Une hausse de 67 % en une seule fois. Décidée par arrêté ministériel du 22 décembre 2023. Sans débat parlementaire.

En moyenne, les primes d'assurance habitation ont augmenté de **12 % en 2025** [ch03-2].

Personne n'a demandé votre avis. Personne ne vous a expliqué pourquoi. Et pourtant, la réponse est simple : les catastrophes liées à l'eau coûtent de plus en plus cher, et quelqu'un doit payer. Ce quelqu'un, c'est vous.

Trois ans, trois factures

Les chiffres parlent d'eux-mêmes, à condition de ne pas mélanger les périmètres [ch03-3]. Le régime Cat-Nat, la garantie tempête-grêle-neige et les pertes économiques globales ne mesurent pas la même chose. Le SDES le rappelle : sur 1982-2022, les seules indemnisations Cat-Nat atteignent déjà **49,9 milliards d'euros 2022**, dont environ la moitié pour les inondations et 42 % pour la sécheresse [ch03-3ter].

En trois repères :

- **2022 — Événements naturels assurés** : Cat-Nat + tempête-grêle-neige, **~8 à 9 Md€**. Année record, portée par la grêle et la sécheresse.
- **2022 — Sécheresse seule** : coût ultime pluriannuel, **10,4 Md€**. Charge étalée sur plusieurs années, liée au retrait-gonflement des argiles.
- **2024 — Cat-Nat strict** : bilan CCR, **2,17 Md€**. Hors garanties tempête-grêle-neige.

Le périmètre « événements naturels assurés » combine, pour 2022, le régime Cat-Nat strict (~3,7 Md€ d'indemnités versées) et la garantie tempête-grêle-neige (4,67 Md€, record absolu sur la grêle depuis 1984). Le ***coût ultime pluriannuel*** *de l'événement sécheresse 2022 lui-même — étalé sur plusieurs années en raison du retrait-gonflement des argiles — atteint 10,4 milliards d'euros selon France Assureurs. Le coût socio-économique total de la sécheresse 2022 (pertes agricoles, dégâts indirects, coûts publics) est estimé à plus de 5 milliards d'euros par le ministère de la Transition écologique [ch03-3bis].*

2022 a été l'année record absolue de la sinistralité liée aux événements naturels depuis que la France tient ces statistiques. Pour la seule sécheresse 2022, le coût pluriannuel atteindra 10,4 milliards d'euros. Pour la grêle, c'est un record absolu depuis 1984.

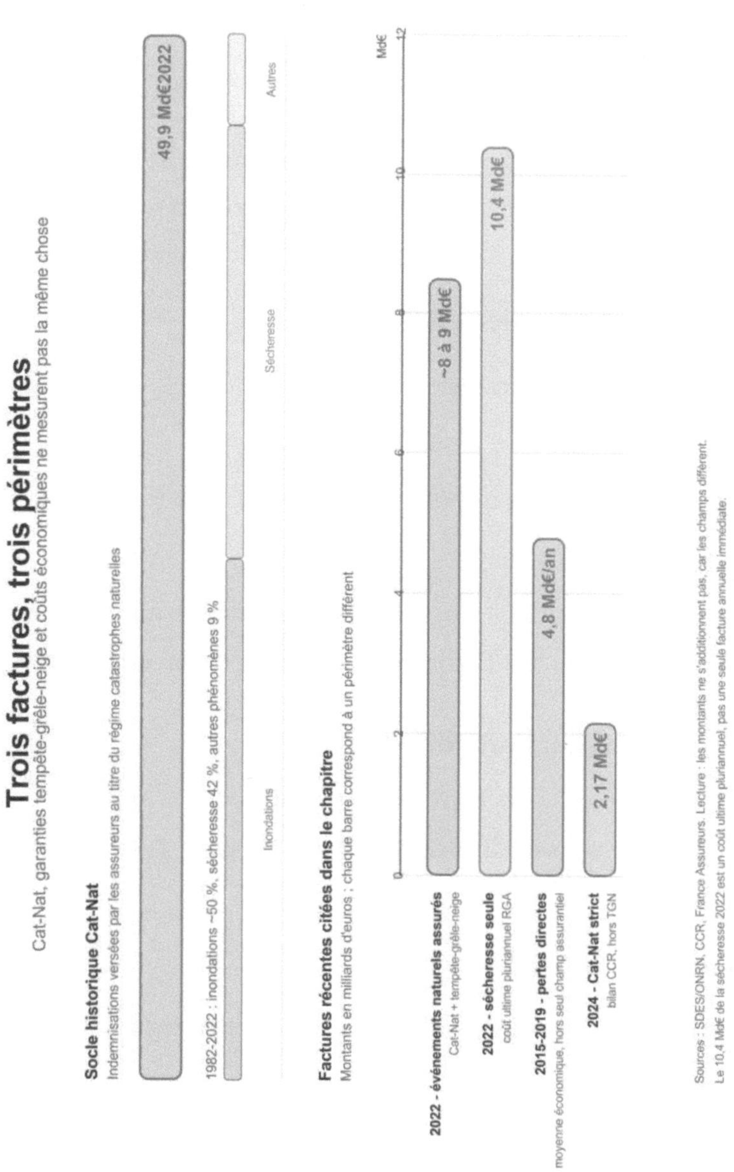

Pour donner une échelle : c'est le budget annuel de l'ensemble des universités françaises [ch03-4]. Parti en fumée — ou plutôt, parti dans la terre craquelée et les caves inondées.

Qui paie, concrètement ?

Le régime français des catastrophes naturelles (Cat Nat) fonctionne ainsi : les assureurs couvrent la moitié des sinistres. L'État — via la Caisse centrale de réassurance — prend l'autre moitié à sa charge [ch03-5].

Traduction : **vous payez deux fois.**

Une première fois via votre prime d'assurance, qui augmente chaque année.

Une deuxième fois via vos impôts, qui financent la part de l'État dans le régime Cat Nat.

Il n'y a pas de magie. Il n'y a pas d'argent gratuit. Chaque milliard de dégâts sort de la poche des Français — d'une façon ou d'une autre.

La projection qui doit faire réfléchir

France Assureurs — la fédération des compagnies d'assurance — a chiffré le coût de la seule sinistralité sécheresse pour la période 2020-2050 :

43 milliards d'euros [ch03-6].

C'est le triplement du coût observé lors des trente années précédentes [ch03-6].

Qui paie les catastrophes naturelles ?

Dans le régime Cat-Nat, la facture revient au même foyer par deux canaux

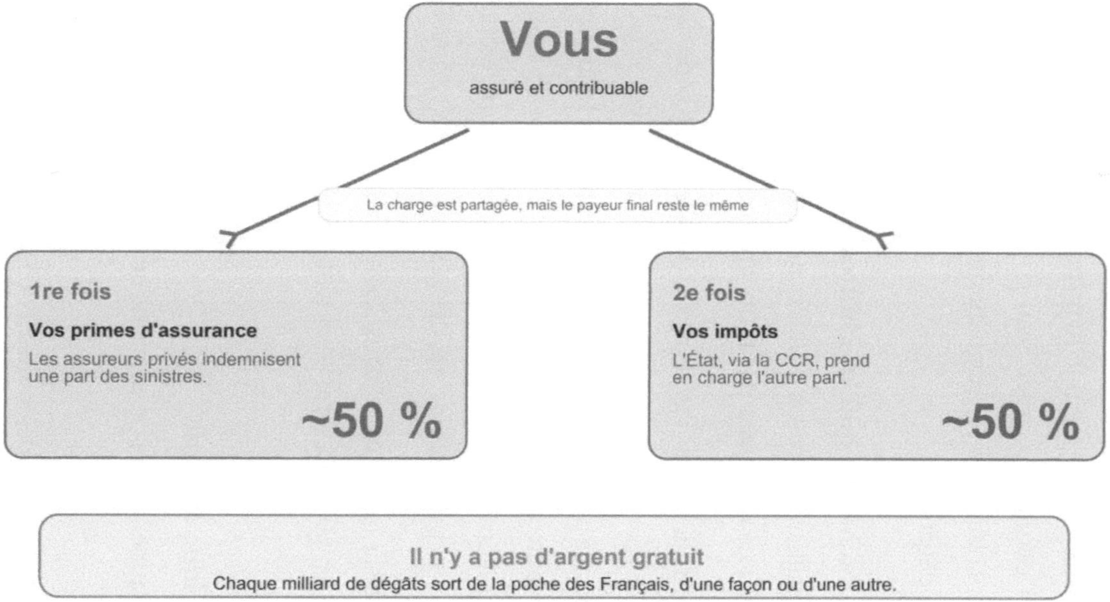

Source : principe de mutualisation Cat-Nat et garantie de l'État via la Caisse centrale de réassurance (CCR).

Quarante-trois milliards. Rien que pour la sécheresse. Sans compter les inondations, les tempêtes, les mouvements de terrain liés au dessèchement des sols.

Et ce chiffre repose sur une hypothèse implicite : que l'on ne fait rien. Que l'on continue à gérer l'eau comme on le fait aujourd'hui — en attendant la pluie, en restreignant quand il n'y en a plus, en indemnisant après les dégâts.

Le coût caché : ce que les chiffres ne montrent pas

Les 4,6 milliards d'euros annuels projetés en moyenne sur la période 2020-2050 ne racontent pas toute l'histoire.

Ils ne comptent pas l'agriculteur du Gers qui cède son exploitation parce que la troisième sécheresse consécutive a eu raison de sa trésorerie. Ils ne comptent pas la commune de Haute-Loire qui n'arrive plus à retenir ses habitants parce que l'eau y est contingentée chaque été. Ils ne comptent pas l'entreprise agroalimentaire du Sud-Ouest qui délocalise sa production vers des régions moins exposées.

Ces coûts-là ne figurent dans aucun tableau. Ils se mesurent en vies abîmées, en territoires qui se vident, en souveraineté alimentaire qui se fragmente.

Une logique absurde

Ce qui frappe, quand on examine ces chiffres, c'est l'absurdité du calcul collectif.

La France dépense des milliards chaque année pour réparer les dégâts de l'eau — trop d'eau en hiver, pas assez en été. Elle les dépense en indemnisations, en aides d'urgence, en camions-citernes, en arrêtés préfectoraux, en fonctionnaires mobilisés pour gérer des crises à répétition.

Et pendant ce temps, l'eau qui manque l'été est celle qui a coulé à la mer l'hiver précédent.

Investir dans le stockage ne coûte pas plus cher que de continuer à payer les dégâts. **À un certain point, ne pas agir coûte plus cher qu'agir.** Ce point, selon les projections officielles, est déjà derrière nous.

Ce n'est pas une fatalité

43 milliards de sinistres sécheresse d'ici 2050. 143 milliards de coûts cumulés tous périls aléas naturels confondus. Des primes d'assurance qui augmentent chaque année.

Tout cela est évitable — pas en se privant, pas en restreignant, mais en construisant ce qui manque : la capacité à garder l'eau quand elle est là, pour la redistribuer quand elle manque.

C'est précisément ce que vous allez découvrir dans le prochain chapitre.

Chapitre 4 — Pourquoi nos dirigeants n'agissent pas

Une question légitime

Les données sont connues. Les projections sont publiées par les propres organismes de l'État. Le Haut-commissariat à la stratégie et au Plan, le BRGM, le Sénat — tous pointent dans la même direction depuis des années [ch04-1][ch04-2][ch04-3].

Alors pourquoi rien ne change ?

Ce chapitre ne cherche pas à désigner des coupables. Il cherche à comprendre les mécanismes — parce que comprendre un système, c'est la première étape pour le forcer à bouger.

Mécanisme 1 : le temps politique contre le temps réel

Un élu est réélu tous les cinq ou six ans. Son horizon naturel est la prochaine élection.

La crise hydrique se déroule sur trente ans.

Ces deux temporalités sont incompatibles. Aucun maire, aucun député, aucun ministre ne sera jugé en 2050 sur ce qu'il n'a pas fait en 2025. En revanche, il sera jugé dans dix-huit mois sur le prix de l'essence, le montant des retraites et la fermeture de l'hôpital du coin.

Ce n'est pas de la lâcheté individuelle. C'est une logique structurelle. Un élu rationnel — au sens froid du terme — investit son énergie là où elle rapporte des votes. Un grand réseau hydraulique national inauguré en 2035 ne rapporte rien à celui qui en a posé la première pierre en 2026.

Le résultat : des rapports s'accumulent, des commissions se réunissent, des plans sont annoncés — et rien ne se construit [ch04-4].

Mécanisme 2 : personne n'est responsable de tout

En France, la gestion de l'eau implique simultanément [ch04-5] :

- Six agences de l'eau (bassins versants)
- Les préfets de département
- Les conseils régionaux
- Les conseils départementaux
- Les communes et intercommunalités
- Les établissements publics territoriaux de bassin
- Le ministère de la Transition écologique
- Le ministère de l'Agriculture
- L'État via le régime Cat Nat

Quand tout le monde est responsable, personne ne l'est vraiment.

L'eau en France : qui décide ?

Un système avec beaucoup d'acteurs, mais sans pilote unique pour un projet national

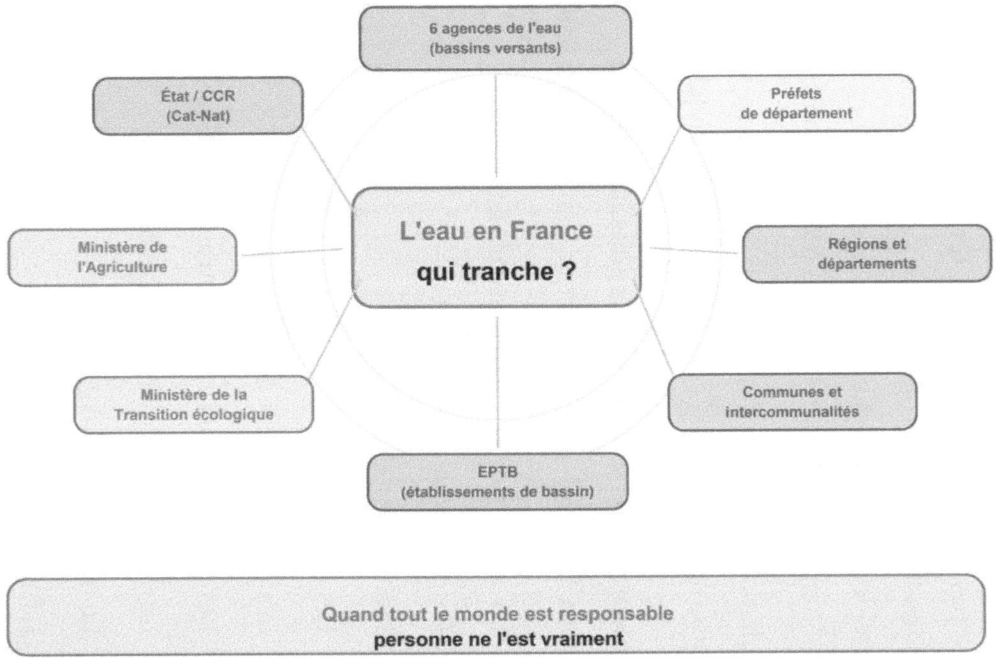

Lecture : la gouvernance actuelle additionne les compétences locales, administratives et assurantielles ; elle ne produit pas naturellement une décision nationale unique.

Un projet de l'ampleur du Grid Hydrique National exige une décision centrale, un pilotage unique, une vision nationale. Ce type de décision ne peut pas émerger d'un système conçu pour fragmenter les responsabilités et diluer les pouvoirs.

Mécanisme 3 : des incitations qui prolongent le statu quo

Soyons précis — et ce chapitre se veut précis, pas polémique.

La gestion de la pénurie mobilise aussi des marchés. Les camions-citernes qui ravitaillent les communes, les indemnisations des compagnies d'assurance, les marchés publics de forage de nouveaux puits, les contrats de gestion déléguée des réseaux d'eau — tout cela représente des flux financiers considérables [ch04-6].

Un réseau hydrique national qui réduit structurellement la crise transformerait mécaniquement ces marchés.

Ce n'est pas une accusation morale. C'est une réalité économique simple : lorsqu'un système rémunère surtout la gestion de crise, il crée des incitations à prolonger les réponses ponctuelles plutôt qu'à financer une solution structurelle. Les acteurs organisés disposent aussi de moyens d'influence institutionnelle que le citoyen ordinaire n'a pas.

Cela n'explique pas tout. Mais cela explique une partie de l'inertie.

Mécanisme 4 : l'illusion de la bonne année

2024 a été une bonne année pour les nappes [ch04-7]. Les médias l'ont noté. Les élus ont soufflé.

C'est précisément ce cycle — crise, alerte, bonne pluie, oubli — qui empêche toute action structurelle depuis vingt ans.

La sécheresse de 2022 aurait dû être le déclencheur. Elle ne l'a pas été. Pourquoi ? Parce que 2023 et 2024 ont apporté suffisamment de pluie pour que l'urgence disparaisse des radars politiques. Jusqu'à la prochaine fois.

Ce mécanisme d'amnésie collective organisée — involontaire, mais réelle — est peut-être le plus dangereux de tous. Il transforme une tendance de fond en une série d'accidents gérables, chacun séparément, jamais ensemble.

Ce que tout cela produit

Des arrêtés préfectoraux. Des restrictions. Des interdictions.

Quand un système est incapable d'agir sur les causes, il agit sur les symptômes. Et les symptômes, c'est vous — citoyen, agriculteur, chef d'entreprise — à qui l'on demande de consommer moins, d'arroser moins, de produire moins.

La coercition n'est pas une politique de l'eau. C'est l'aveu d'une absence de politique de l'eau.

Alors, que faire ?

Ne pas attendre.

L'histoire de France est jalonnée de moments où les citoyens ont imposé des solutions que les institutions refusaient de porter. Ce n'est pas une utopie — c'est une méthode qui a fonctionné, à chaque fois que suffisamment de gens ont décidé de ne plus attendre la permission.

La solution existe. Elle est chiffrée, financée, réplicable. Il est temps de passer à l'acte 2.

Chapitre 5 — Le réseau électrique a sauvé la France. L'eau peut faire pareil.

Avant 1946 : le chaos électrique

Imaginez une France où, selon la ville dans laquelle vous habitez, votre électricité arrive à une tension différente, produite par une société différente, au tarif décidé par cette même société, avec une fiabilité variable et une couverture incomplète.

C'était la réalité avant le 8 avril 1946.

À l'époque, l'électricité française n'était pas un système. C'était une mosaïque. Des compagnies privées exploitaient des concessions locales, souvent accordées ville par ville, vallée par vallée, usine par usine. Ici, une centrale thermique alimentait un bassin industriel. Là, une chute d'eau faisait tourner une petite centrale hydroélectrique. Ailleurs, une commune dépendait d'un réseau voisin, d'une ligne fragile, d'un opérateur lointain ou de rien du tout.

Plus de **1 300 sociétés privées** se partageaient la production et la distribution d'électricité en France [ch05-1]. Sans coordination nationale. Sans plan d'ensemble. Sans obligation réelle d'aller chercher les territoires les moins rentables. Les grandes villes, les usines, les ports, les mines et les zones industrielles étaient servis en priorité, parce qu'ils consommaient beaucoup et rapportaient vite. Les villages, les fermes isolées, les hameaux de montagne ou les campagnes profondes passaient après.

Le problème n'était pas seulement social. Il était aussi technique.

Dans certaines villes, le courant arrivait à 110 volts. Dans d'autres, à 220. Les fréquences variaient d'une concession à l'autre. Des réseaux voisins ne pouvaient pas toujours se secourir mutuellement, parce qu'ils n'étaient pas conçus pour fonctionner ensemble. Une ligne pouvait s'arrêter à la limite d'une concession. Une centrale pouvait produire trop à un endroit pendant qu'un autre territoire manquait d'énergie. La France avait de l'électricité, mais elle n'avait pas encore de réseau électrique français.

Cette fragmentation rendait tout plus lent, plus cher, plus fragile. Pour raccorder une commune, il fallait négocier avec un concessionnaire. Pour moderniser une ligne, il fallait que l'investissement soit rentable localement. Pour harmoniser les équipements, il fallait convaincre des acteurs qui n'avaient ni les mêmes intérêts, ni les mêmes moyens, ni la même vision du territoire. L'électrification avançait, mais par plaques. Par poches. Par opportunités.

Une large partie du territoire rural n'était tout simplement pas raccordée [ch05-1]. Et quand elle l'était, l'accès restait souvent limité, instable, tardif. Dans beaucoup de campagnes, l'électricité ne signifiait pas encore machines agricoles, ateliers modernisés, confort domestique et services publics fiables. Elle signifiait parfois une ampoule. Une seule. Quelques heures. Quand le réseau tenait.

L'électricité existait. Elle fonctionnait, par endroits. Mais elle ne servait pas la France — elle servait 1 300 intérêts privés.

Le 8 avril 1946 : une décision qui a tout changé

Le 8 avril 1946, la France sortait à peine de la guerre. Les ponts, les usines, les voies ferrées, les ports, les centrales : une partie du pays était détruite ou épuisée. Les coupures étaient fréquentes. Le charbon manquait. L'industrie devait redémarrer. Les campagnes attendaient encore l'électricité. Et pourtant, au milieu de cette urgence, la France a pris une décision de très long terme.

Cette décision ne venait pas de nulle part. Elle était inscrite dans l'esprit du programme du Conseil national de la Résistance : reprendre en main les grands leviers économiques, reconstruire le pays, faire passer l'intérêt général avant les concessions privées. L'électricité n'était plus considérée comme une marchandise locale, mais comme une infrastructure nationale. Une condition de souveraineté. Une condition d'égalité.

Portée par Marcel Paul, ministre communiste de la Production industrielle, ancien résistant, ancien déporté, la loi du 8 avril 1946 a nationalisé la production, le transport et la distribution d'électricité et de gaz [ch05-2]. Elle a créé Électricité de France. EDF n'était pas seulement une entreprise publique de plus. C'était une promesse politique : unifier ce qui était dispersé, standardiser ce qui était incompatible, desservir ce qui n'était pas rentable, faire du réseau un outil de reconstruction nationale.

En une seule loi, la France a mis fin au chaos [ch05-2].

À partir de là, le travail immense a commencé. Il a fallu raccorder les réseaux entre eux, reprendre les concessions, harmoniser les fréquences, standardiser les tensions, construire des lignes à haute tension, renforcer les barrages, moderniser les centrales, électrifier les fermes, les ateliers, les villages. Ce n'était pas un simple changement administratif. C'était une opération de couture territoriale à l'échelle d'un pays entier.

Les résultats sont connus : en moins de vingt ans, la France s'est électrifiée de bout en bout. Le réseau s'est étendu jusqu'aux villages les plus reculés. L'électricité est devenue un **bien universel**, accessible à tous, au même tarif, partout sur le territoire [ch05-3].

Ce réseau unifié a été le socle silencieux des Trente Glorieuses — la condition invisible de l'industrialisation, de la modernisation agricole, de la croissance économique qui a sorti des millions de Français de la pauvreté.

Un réseau. Une décision. Une transformation.

L'eau aujourd'hui ressemble à l'électricité d'avant 1946

Remplacez "électricité" par "eau" et "1 300 sociétés" par "six agences de bassin, des dizaines de syndicats, des centaines de collectivités" [ch05-4] — vous obtenez une description fidèle de la gestion de l'eau en France aujourd'hui.

Fragmentée. Non coordonnée. Incapable de répondre à un déséquilibre national avec une réponse nationale.

La France ne manque pas d'acteurs de l'eau. Elle en a partout. Des agences de l'eau par grands bassins hydrographiques. Des comités de bassin. Des préfectures. Des DREAL. Des ARS pour la qualité sanitaire. Des départements. Des intercommunalités. Des syndicats mixtes. Des régies. Des délégataires privés. Des communes responsables de l'eau potable et de l'assainissement. En 2022, on comptait près de **25 000 services publics d'eau et d'assainissement** en France [ch05-9].

Ce foisonnement n'est pas absurde. Chaque acteur a une raison d'exister. L'eau potable se capte, se traite et se distribue localement. Les eaux usées se collectent et se dépolluent localement. Les rivières se gèrent par bassin versant. Les nappes phréatiques ne suivent pas les frontières administratives. Les usages agricoles, industriels, urbains et écologiques n'ont pas les mêmes besoins. Sur le papier, cette organisation respecte la géographie de l'eau.

Mais face au changement climatique, elle révèle sa limite principale : elle sait administrer des bassins, pas équilibrer un pays.

Techniquement, la France dispose d'une multitude de réseaux d'eau, mais pas d'un réseau hydrique national. Il existe des canalisations d'eau potable, des stations de pompage, des retenues, des barrages, des canaux, des réseaux d'irrigation, des stations d'épuration, des interconnexions locales entre communes ou syndicats. Mais ces infrastructures forment des systèmes séparés, construits pour sécuriser une ville, un territoire, une vallée, un périmètre agricole, rarement pour transférer massivement une ressource disponible d'une région excédentaire vers une région déficitaire.

L'eau tombe en abondance l'hiver dans le Massif Central, les Alpes, les Pyrénées, le Jura, les Vosges, les bassins amont. Elle gonfle les rivières, remplit les sols, recharge les nappes quand les conditions le permettent, puis repart vers la mer. Au même moment, d'autres territoires savent déjà qu'ils manqueront d'eau quelques mois plus tard. L'été, l'Occitanie, le Sud-Ouest, le pourtour méditerranéen, certaines plaines agricoles et certains littoraux touristiques entrent sous tension. Les préfets prennent des arrêtés de restriction. Les agriculteurs réduisent les prélèvements. Les communes surveillent leurs forages. Les nappes baissent. Les conflits d'usage montent.

Entre les deux : presque rien à l'échelle nationale. Pas de grande dorsale hydrique. Pas de maillage comparable au réseau électrique. Pas de pilotage centralisé des excédents et des déficits. Pas de capacité structurelle à capter une partie des crues hivernales, à la stocker proprement, puis à la déplacer vers les zones qui entreront en stress hydrique six mois plus tard.

Le système actuel fonctionne comme une addition de circuits courts. Chaque bassin regarde son équilibre. Chaque collectivité sécurise son captage. Chaque syndicat entretient ses tuyaux. Chaque territoire cherche sa solution : retenue locale, forage plus profond, interconnexion avec le voisin, restriction, sobriété, réparation de fuites, réutilisation partielle des eaux usées traitées. Tout cela est utile. Rien de tout cela ne constitue une réponse nationale.

Le paradoxe est brutal : la France peut transporter instantanément de l'électricité d'une vallée alpine vers une usine bretonne, mais elle ne sait pas transférer stratégiquement l'eau d'un hiver excédentaire vers un été déficitaire. Elle sait équilibrer des électrons à la seconde près. Elle ne sait pas encore équilibrer ses volumes d'eau à l'échelle de la saison.

C'est comme si, en 1946, on avait décidé que chaque ville garderait son propre générateur — et que les régions sans centrale se débrouilleraient.

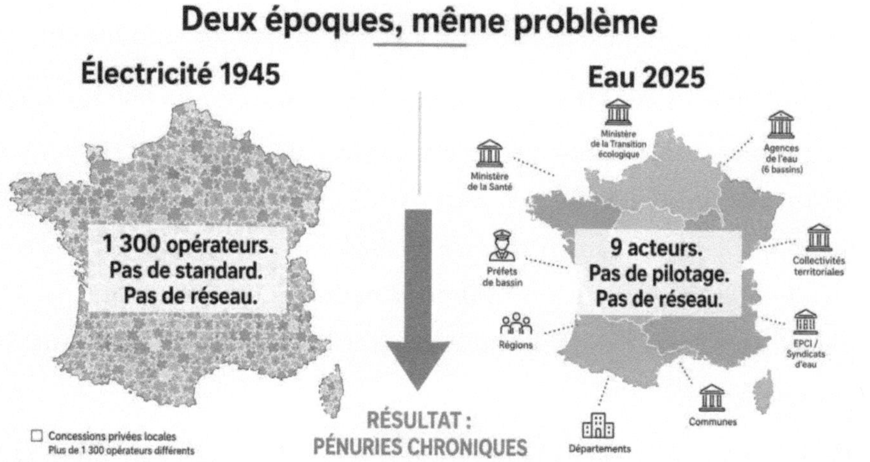

Le Grid Hydrique National ne part donc pas d'une idée abstraite. Il part d'un constat simple : quand les cycles naturels ne suffisent plus à stocker, ralentir et redistribuer l'eau, il faut reconstruire une capacité collective à le faire.

La France a déjà fait ça — quatre fois

1554 — Adam de Craponne et le Canal de Craponne. Un ingénieur provençal décide de dériver la Durance vers la plaine de la Crau, alors aride et improductive [ch05-6]. Le projet est jugé coûteux, risqué, inutile. Il est réalisé quand même. Résultat : une plaine désertique devient le grenier de la Provence. L'association des propriétaires créée pour gérer ce canal existe encore aujourd'hui — 470 ans plus tard.

1667 — Pierre-Paul Riquet et le Canal du Midi. Relier l'Atlantique à la Méditerranée par 240 kilomètres de canal artificiel traversant le Languedoc [ch05-7]. Un projet titanesque, moqué par beaucoup. Riquet y investit sa fortune personnelle. Le canal est ouvert en 1681 et désenclave toute une région pendant plus de trois siècles. Il est classé au patrimoine mondial de l'UNESCO en 1996 — et fonctionne encore.

1857 — Napoléon III et le drainage des Landes. 700 000 hectares de plaines marécageuses, infestées de paludisme, dans une vaste région du sud-ouest de la France [ch05-8]. La décision est prise de drainer, planter, transformer. En quelques décennies, ces terres inutilisables deviennent **un million d'hectares de forêt** plantée — la plus grande forêt productive d'Europe. Un territoire entier ressuscité par une décision d'État.

1946 — Marcel Paul et la création d'EDF. Le chaos électrique de 1 300 sociétés privées, sans standard commun, laissant une large partie du territoire rural sans électricité [ch05-2]. En une loi, la France nationalise, unifie, standardise. En moins de vingt ans, l'électricité devient universelle, accessible à tous, partout sur le territoire. Ce réseau est le socle silencieux des Trente Glorieuses.

À chaque fois : une décision courageuse, une vision nationale, un territoire transformé. À chaque fois : des opposants, des sceptiques, des intérêts contrariés. À chaque fois : l'histoire a donné raison à ceux qui ont osé construire.

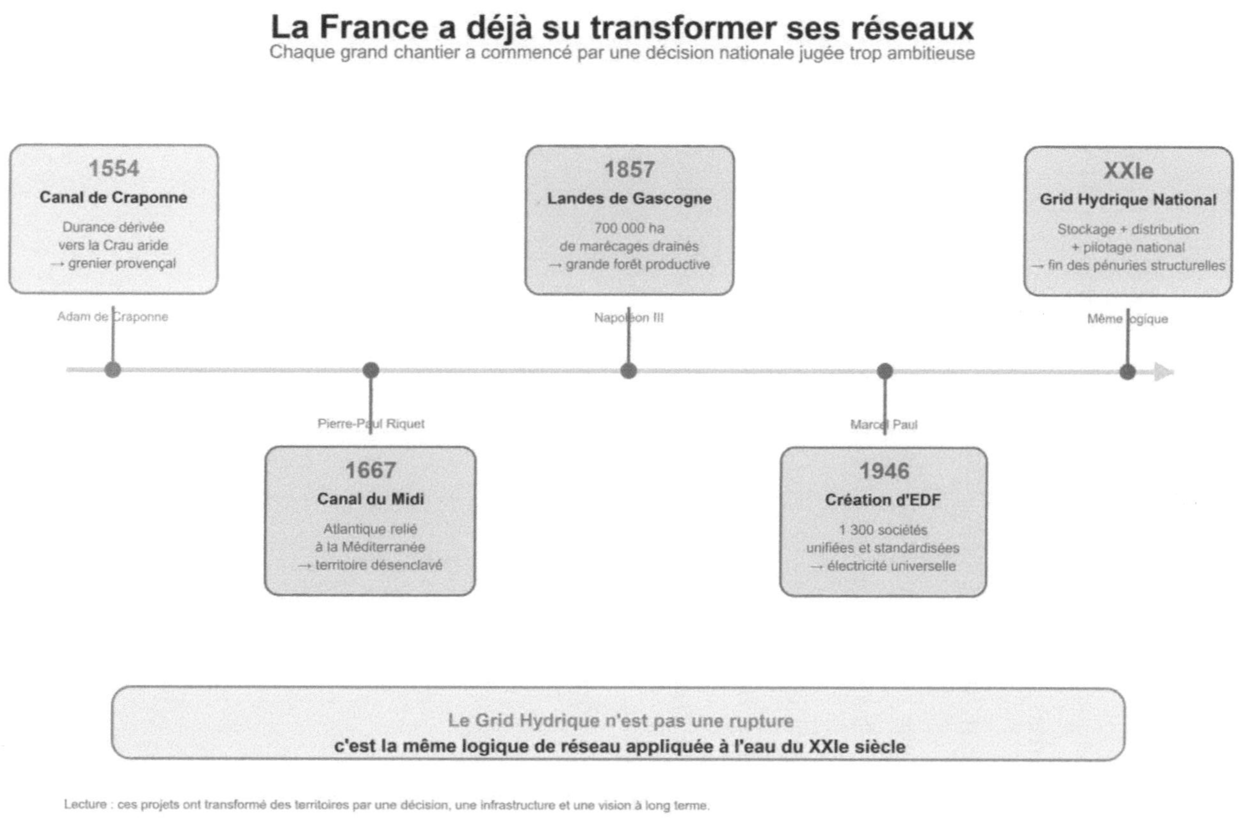
La France a déjà su transformer ses réseaux
Chaque grand chantier a commencé par une décision nationale jugée trop ambitieuse
1554
Canal de Craponne
Durance dérivée
vers la Crau aride
→ grenier provençal
Adam de Craponne
1667
Canal du Midi
Atlantique relié
à la Méditerranée
→ territoire désenclavé
Pierre-Paul Riquet
1857
Landes de Gascogne
700 000 ha
de marécages drainés
→ grande forêt productive
Napoléon III
1946
Création d'EDF
1 300 sociétés
unifiées et standardisées
→ électricité universelle
Marcel Paul
XXIe
Grid Hydrique National
Stockage + distribution
+ pilotage national
→ fin des pénuries structurelles
Même logique
Le Grid Hydrique n'est pas une rupture
c'est la même logique de réseau appliquée à l'eau du XXIe siècle
Lecture : ces projets ont transformé des territoires par une décision, une infrastructure et une vision à long terme.

La même logique, à l'échelle du XXIe siècle

Le Grid Hydrique National, c'est la même idée — appliquée aux outils d'aujourd'hui.

Stocker l'eau quand elle est là. La distribuer là où elle manque, quand elle manque. Piloter le système avec intelligence pour éviter le gaspillage et les crises.

Pas une révolution. Une restauration.

La France l'a déjà fait avec l'électricité. Elle l'a fait avec le gaz. Elle l'a fait avec les routes, les rails, les canaux.

La question n'est pas de savoir si c'est possible. La question est de savoir qui va décider que c'est le moment.

Dans le chapitre suivant, vous allez découvrir comment ce réseau fonctionne, concrètement — et pourquoi il est, techniquement, plus simple à construire qu'on ne le croit.

Chapitre 6 — Comment fonctionne le Grid

Rappel : ce que la nature faisait avant qu'on brise le cycle

Avant de parler tuyaux, bassines, capteurs et corridors, il faut revenir au point central : la nature avait déjà résolu une partie du problème.

Le cycle de l'eau n'est pas une ligne droite. Ce n'est pas : la pluie tombe, la rivière coule, l'eau part à la mer. C'est une boucle lente, complexe, territoriale. L'eau circule entre l'atmosphère, les sols, les plantes, les rivières, les zones humides, les nappes souterraines, les glaciers, la neige et les océans. Elle change d'état. Elle s'évapore. Elle se condense. Elle tombe. Elle s'infiltre. Elle ruisselle. Elle se stocke. Elle ressort plus loin, plus tard, sous forme de source, de débit de rivière, d'humidité des sols ou d'évapotranspiration végétale [ch06-3].

Dans un cycle naturel en bon état, une pluie d'hiver ne disparaît pas immédiatement. Une partie repart vers l'atmosphère par évaporation. Une autre est interceptée par la végétation. Une autre s'infiltre dans les sols. Une autre recharge les nappes. Une autre alimente les ruisseaux, les rivières, les lacs et les zones humides. Ce qui compte, ce n'est donc pas seulement la quantité d'eau qui tombe. C'est la part de cette eau qui devient réellement utile aux milieux, aux nappes et aux cours d'eau : les **précipitations efficaces** [ch06-4].

Pendant des millénaires, les montagnes ont joué le rôle de châteaux d'eau géants. La neige s'accumulait l'hiver, stockant l'eau sous forme solide. Au printemps, elle fondait progressivement. En été, quand les plaines commençaient à manquer d'eau, les rivières recevaient encore cette alimentation différée. La montagne ne produisait pas seulement de l'eau. Elle produisait du temps.

Les sols jouaient le même rôle, à une autre échelle. Un sol vivant, couvert, poreux, riche en racines et en matière organique, absorbe une partie de la pluie. Il ralentit le ruissellement. Il laisse l'eau descendre vers les nappes. Il garde de l'humidité disponible pour les plantes. Il limite l'érosion. Il transforme une pluie brutale en réserve lente.

Les zones humides étaient les régulateurs les plus précieux de ce système. Marais, tourbières, prairies humides, ripisylves, bras morts, plaines d'inondation : ces milieux agissaient comme des éponges. En période de crue, ils acceptaient le débordement, stockaient l'eau, ralentissaient sa vitesse, filtraient les polluants, protégeaient l'aval. En période sèche, ils restituaient lentement une partie de cette eau aux rivières et aux nappes [ch06-5].

Les nappes phréatiques, elles, formaient la mémoire souterraine du cycle. Elles se rechargeaient surtout lorsque les pluies étaient suffisantes, les sols perméables, la végétation active mais pas excessive, et les prélèvements raisonnables. Puis elles soutenaient les sources et les cours d'eau quand la pluie cessait. C'est ce qu'on appelle le soutien d'étiage : l'eau invisible qui maintient le visible.

C'était un système. Un cycle. Équilibré, autorégulé, millénaire. Il ne supprimait ni les sécheresses, ni les crues, ni les variations saisonnières. Mais il amortissait les chocs. Il étalait l'eau dans le temps. Il ralentissait les excès. Il soutenait les manques.

Puis nous avons progressivement cassé les amortisseurs.

Nous avons drainé des zones humides pour gagner des terres agricoles, construire, assainir, accélérer l'évacuation de l'eau. Nous avons rectifié des rivières, coupé des méandres, endigué des plaines d'inondation, transformé des cours d'eau vivants en canaux d'écoulement. Nous avons artificialisé les sols avec des routes, des parkings, des zones commerciales, des lotissements, des plateformes logistiques. Nous avons compacté des terres agricoles avec des engins lourds. Nous avons arraché des haies, supprimé des talus, simplifié les paysages, réduit les couverts végétaux.

Le résultat est mécanique : l'eau s'infiltre moins. Elle ruisselle plus vite. Elle emporte les sols. Elle arrive plus brutalement dans les rivières. Elle provoque des crues plus rapides. Puis elle quitte le territoire plus vite. Les nappes se rechargent moins bien. Les rivières entrent plus tôt en étiage. Les sols sèchent plus vite. Et quand la sécheresse arrive, le territoire dispose de moins de réserves naturelles pour tenir [ch06-6].

Le contraste tient en une image : d'un côté, un territoire qui absorbe, ralentit, stocke et restitue ; de l'autre, un territoire qui évacue trop vite, recharge trop peu et entre plus tôt en crise.

Le cycle de l'eau : équilibre naturel vs cycle perturbé

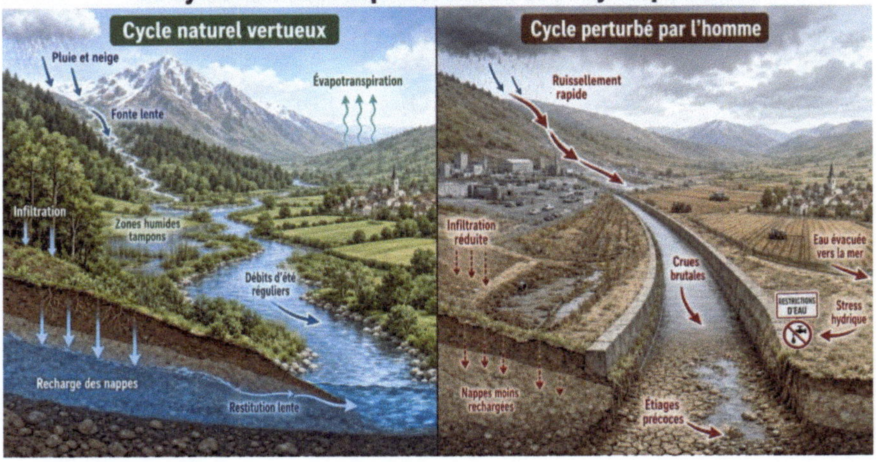

Le Grid Hydrique National ne réinvente pas la nature. **Il restaure ce qu'elle faisait déjà.** Il prend le relais là où les cycles naturels ont été abîmés.

Une idée simple

Après ce rappel, posons le principe du Grid en une phrase :

Stocker l'eau quand elle est là. La distribuer là où elle manque, quand elle manque.

C'est tout. Le reste est de l'ingénierie — et l'ingénierie, la France sait faire.

La batterie hydrique

Tout le monde comprend ce qu'est une batterie. Elle stocke de l'énergie quand elle est disponible — la nuit, en heures creuses — et la restitue quand on en a besoin.

Le Grid Hydrique fonctionne exactement de la même façon, mais avec de l'eau.

L’hiver, il pleut. Les rivières débordent. Les nappes se rechargent. L’eau est abondante, parfois trop. C’est le moment de la stocker.

L’été, il ne pleut plus. Les rivières baissent. Les cultures brûlent. Les préfets signent des arrêtés. C’est le moment de restituer ce qui a été mis en réserve.

La nature faisait ça naturellement — les montagnes enneigées fondaient progressivement, les zones humides régulaient les crues. Ces régulations naturelles se sont dégradées. Le Grid les remplace.

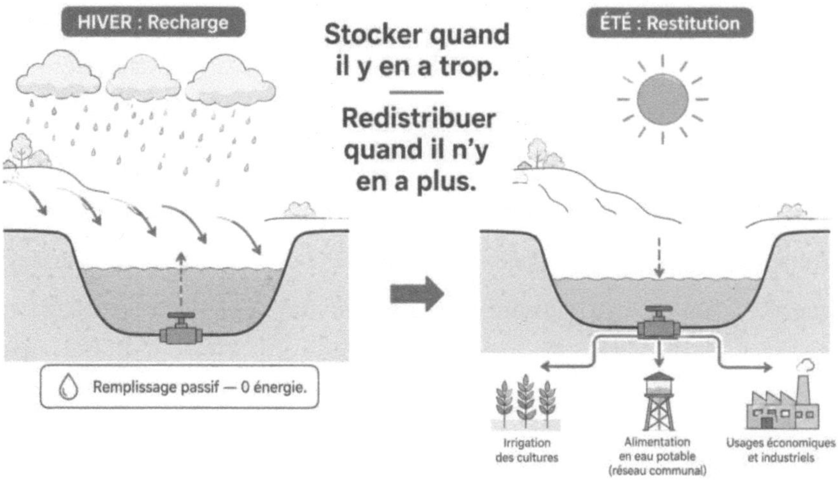

Les bassines : des batteries intelligentes, pas des mares isolées

Le mot “bassine” a mauvaise presse depuis Sainte-Soline. Il évoque une réserve privée creusée pour un seul agriculteur, déconnectée du reste, contestée par ses voisins.

Le Grid, c’est l’opposé exact.

Les **1 000 bassines** du projet ne sont pas des réserves isolées. Ce sont des **accumulateurs connectés au réseau** — exactement comme une batterie connectée au réseau électrique. Chacune a une capacité de **100 000 à 1 million de mètres cubes**. Ensemble, elles stockent **500 millions de mètres cubes**.

En hiver, elles se remplissent passivement — par le ruissellement naturel, sans pompage, sans énergie. L'eau vient d'elle-même.

En été, des vannes automatiques d'un mètre de diamètre s'ouvrent selon les besoins — agriculture, eau potable, industrie — décidés non par un agriculteur ou un préfet, mais par un système de pilotage intelligent qui optimise en temps réel.

Cette distinction est essentielle. Le Grid ne consiste pas à défendre n'importe quelle retenue d'eau, n'importe où, au bénéfice de n'importe qui. Une réserve isolée, mal expliquée, mal contrôlée, perçue comme réservée à quelques-uns, devient immédiatement un objet de conflit. Une réserve connectée, mesurée, soumise à des seuils de remplissage, intégrée à un réseau public et contrôlée par des données ouvertes change de nature. Elle n'est plus une appropriation locale de l'eau. Elle devient un organe technique d'un système commun.

Autrement dit : le débat ne devrait pas opposer ceux qui veulent stocker l'eau à ceux qui voudraient la laisser disparaître. Le vrai débat porte sur les conditions du stockage : quand prélève-t-on ? Dans quel état sont les nappes ? Qui décide ? Qui contrôle ? Qui bénéficie ? Que restitue-t-on aux milieux ? Le Grid n'a de sens que s'il répond clairement à ces questions.

Les trois phases : du local au national

Le Grid ne se construit pas en un jour. Il se déploie en trois phases progressives, chacune opérationnelle avant de lancer la suivante.

Phase 1 — L'autonomie départementale (d'ici 2030)

Chaque département se dote d'une boucle locale : **500 à 1 000 kilomètres de canalisations** en béton armé, d'un diamètre de 0,5 à 3 mètres, capables de transporter 10 à 30 mètres cubes par seconde [ch06-8].

Ce n'est pas de la science-fiction. Le **Canal de Provence** fait exactement cela depuis les années 1960 — 210 kilomètres d'ouvrages de transport, complétés par 5 800 kilomètres de canalisations d'adduction et de distribution et plus de 80 réserves et réservoirs de proximité, qui irriguent la région depuis plus de soixante ans [ch06-1]. La technologie est maîtrisée, éprouvée, fiable.

Mais un réseau hydrique de cette ampleur ne peut pas être pensé comme un simple chantier de tuyaux. Des centaines de kilomètres de canalisations, même enterrées, traversent des sols, des haies, des zones humides, des terres agricoles, des lisières, des corridors écologiques et des habitats d'espèces. Pendant les travaux, la perturbation peut être réelle : bruit, terrassements, circulation d'engins, déplacement de sols, coupures temporaires, atteintes possibles aux racines, aux mares et aux continuités du vivant.

Ce point n'est pas secondaire. Il conditionne l'acceptabilité du Grid. Le projet n'a de sens que s'il repose sur une règle simple : éviter d'abord, réduire ensuite, compenser seulement en dernier recours. Les tracés doivent suivre autant que possible les emprises déjà artificialisées — routes, voies ferrées, canaux existants, servitudes techniques — plutôt que créer de nouvelles coupures dans les paysages. Les zones humides, les vieux réseaux de haies, les réservoirs de biodiversité et les corridors écologiques doivent être considérés comme des contraintes de conception, non comme de simples obstacles administratifs.

C'est aussi pour cette raison que les infrastructures doivent être enfouies. Une canalisation enterrée coûte plus cher à construire qu'un ouvrage de surface. Elle exige davantage d'études, de terrassements, de précautions et de remise en état. Mais elle évite l'erreur des grandes coupures linéaires : autoroutes, voies rapides, infrastructures infranchissables qui divisent durablement les milieux et empêchent les animaux de circuler librement. Une fois le chantier terminé, les sols peuvent être restaurés, les haies replantées, les prairies reprises, les passages faune maintenus, les continuités écologiques reconstituées. L'impact n'est pas nul. Mais il peut redevenir temporaire, au lieu de devenir une fracture permanente.

Autrement dit, le Grid ne doit pas être un grand chantier contre la nature. Il doit être un chantier sous condition écologique stricte. Sa promesse n'est crédible que s'il améliore le cycle de l'eau sans dégrader durablement les milieux vivants qui en dépendent.

À l'échelle nationale, ces boucles locales pourraient mobiliser **5 milliards de mètres cubes par an** [ch06-8].

Phase 2 — L'interconnexion régionale (2030-2035)

Les boucles locales seraient reliées entre départements au sein de chaque région. Des canalisations principales de **3 à 5 mètres de diamètre**, des stations de pompage alimentées en partie par du solaire hybride.

Résultat attendu : les départements excédentaires en eau alimenteraient les départements déficitaires. **10 milliards de mètres cubes par an** pourraient être transférés là où ils manquent [ch06-8].

Phase 3 — Les corridors nationaux (après 2035, si nécessaire)

Si les deux premières phases s'avèrent insuffisantes, des corridors stratégiques relieraient les grandes zones excédentaires aux zones déficitaires [ch06-8] : - Massif Central → Sud-Ouest : 300 km, 2 milliards de m^3/an envisagés - Normandie → Centre : 400 km, 1,5 milliard de m^3/an envisagés

Là où la topographie le permet, l'eau s'écoulerait par gravité — sans pompage, sans énergie. Là où elle ne le permet pas, des systèmes de pompage réversibles stockeraient de l'énergie en pompant la nuit, et en produiraient en turbinant le jour.

Le Grid Hydrique : une montée en puissance

Des boucles locales d'abord, puis des interconnexions, puis des corridors nationaux si nécessaire

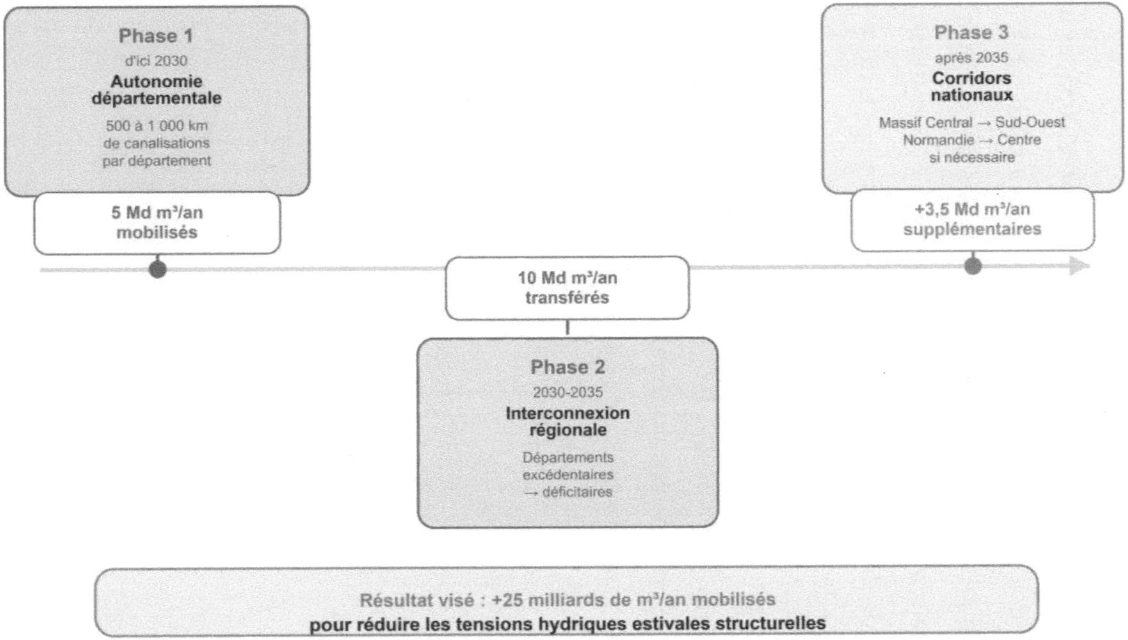

Ordres de grandeur de dimensionnement : hypothèses auteur, à valider par avant-projet technique.

Le cerveau du système : le pilotage intelligent

Comment décider quelle bassine se remplit, quelle vanne s'ouvre, quel corridor s'active ?

Imaginez un GPS qui, au lieu de gérer des voitures sur des routes, gère de l'eau dans des tuyaux. En temps réel. À l'échelle nationale.

Des **capteurs IoT** installés sur chaque bassine et chaque tronçon mesurent en permanence : débit, niveau, qualité de l'eau. Ces données remontent à trois niveaux de pilotage :

- **Local** — chaque bassine est gérée automatiquement
- **Régional** — les flux entre bassins versants sont optimisés
- **National** — la ressource globale est équilibrée en temps réel

Ce système n'est pas une idée de laboratoire. Les **Pays-Bas** en sont la preuve [ch06-2].

Le bonus inattendu : moins d'inondations

Le risque "inondations" est réel. "En 2019, environ 18,5 millions de personnes (soit 27,4 % de la population française) résident dans une zone potentiellement inondable (débordement de cours d'eau et/ou submersion marine). 73,5 % d'entre elles habitent dans une commune dotée d'un plan de prévention des risques d'inondation."

Le cerveau du Grid : pilotage intelligent

Des capteurs locaux alimentent une optimisation régionale et un arbitrage national en temps réel

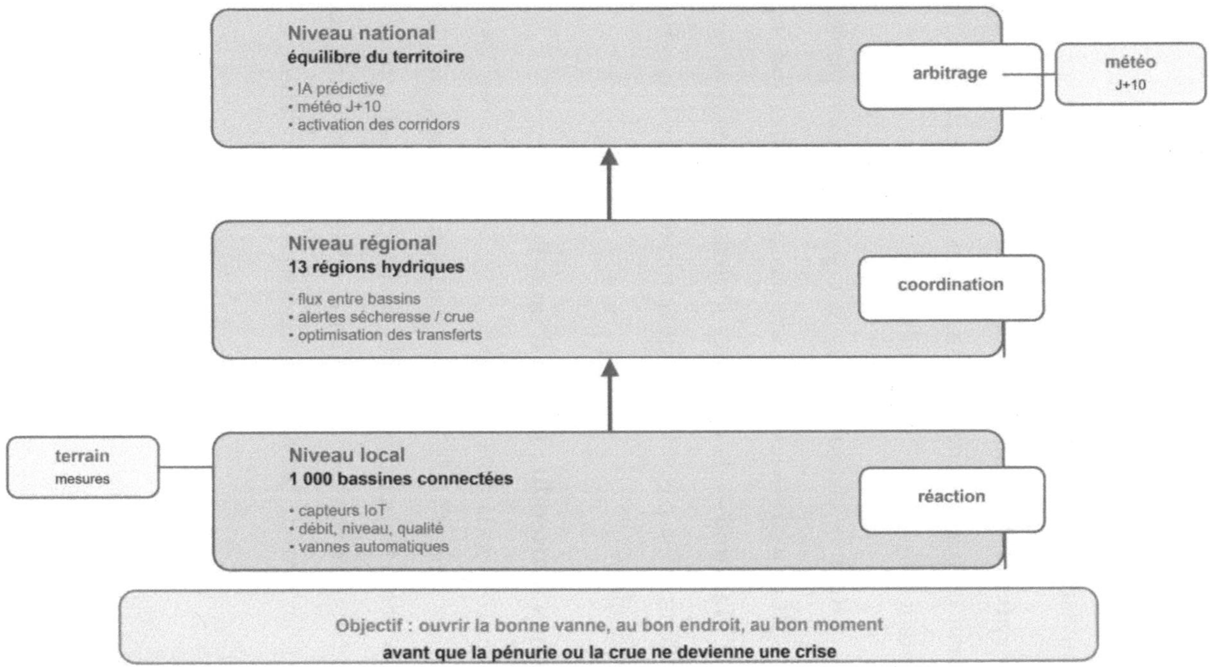

Lecture : le système fonctionne comme un GPS de l'eau, reliant mesures locales et décision nationale.

Risque inondation
18,5 millions d'habitants exposés aux risques d'inondation par submersion marine et/ou débordement de cours d'eau
Débordement de cours d'eau
Submersion marine
18 millions d'habitants exposés
26,7 % de la population totale
1,5 million d'habitants exposés
2,2 % de la population totale
10,5 millions de logements
28 % du total des logements
1,3 million de logements
3,5 % du total des logements
Indemnisations
14,4 Md€ 2022
1995 - 2019
Plan de prévention des risques inondation
Population exposée couverte par...
74,4 %
PPRI
59 %
PPRLittoral
124 Territoires à risque important d'inondation
2 560 communes
11,9 millions de personnes exposées

[ch06-9]

Ceci étant dit, voilà ce que les opposants aux bassines n'ont jamais voulu entendre.

Quand une bassine est connectée au réseau et pilotée intelligemment, elle peut être vidangée **48 heures avant une prévision de pluie intense**. Elle redevient disponible pour absorber le ruissellement. Elle joue le rôle d'un tampon.

Les Pays-Bas ont massivement investi dans cette logique : leur programme « Room for the River » — **2 milliards d'euros entre 2005 et 2015, 39 projets** sur le Rhin et la Meuse — a élargi la capacité d'écoulement des fleuves et créé un réseau de polders-tampons pilotés qui absorbent les pics de crue [ch06-2].

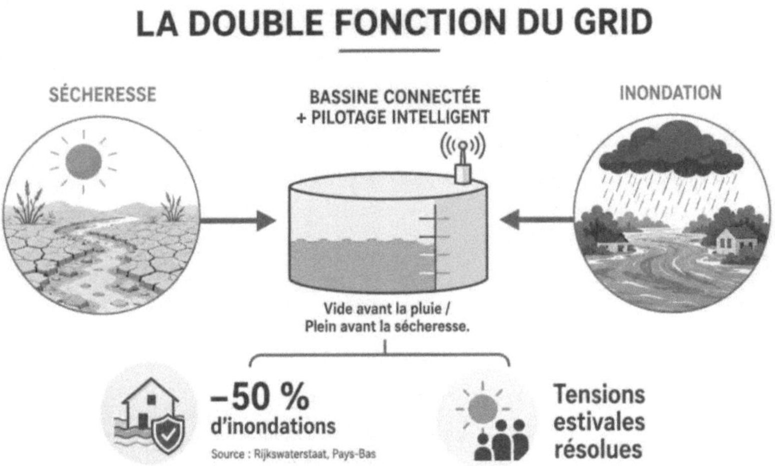

Un même investissement pourrait résoudre deux problèmes opposés — la sécheresse et les inondations — simultanément. Ce n'est pas un hasard : c'est la logique de la restauration des cycles naturels. La nature régulait les deux. Le Grid restaurerait cette régulation.

Ce que ça donne en chiffres

- **Eau mobilisée supplémentaire :** +25 milliards de m^3/an, extrapolation de l'auteur à partir des ordres de grandeur officiels [ch06-7].
- **Bassines connectées :** 1 000 unités, hypothèse de dimensionnement de l'auteur [ch06-8].
- **Capacité totale de stockage :** 500 millions de m^3, hypothèse de dimensionnement de l'auteur [ch06-8].
- **Réduction du risque d'inondation :** facteur ~12, avec une probabilité majeure passée de 1/100 à 1/1 250 ans aux Pays-Bas [ch06-2].
- **Canalisations Phase 1 :** 500-1 000 km par département, hypothèse de dimensionnement de l'auteur [ch06-8].
- **Technologie de référence :** Canal de Provence, opérationnel depuis 1960 [ch06-1].

Au fond, le Grid ne serait pas un ouvrage unique. Ce serait une montée en puissance : d'abord des boucles locales, puis des interconnexions régionales, puis, si nécessaire, de grands corridors nationaux.

La prochaine question : qui paie ?

Vous avez compris le principe. Vous avez vu les chiffres. La question qui vient naturellement est celle-là : 100 milliards d'euros, c'est beaucoup.

Ou peut-être pas — selon la manière dont on regarde.

C'est le sujet du prochain chapitre.

À quoi ressemblerait le Grid Hydrique National ?

Déploiement progressif : local → régional → national

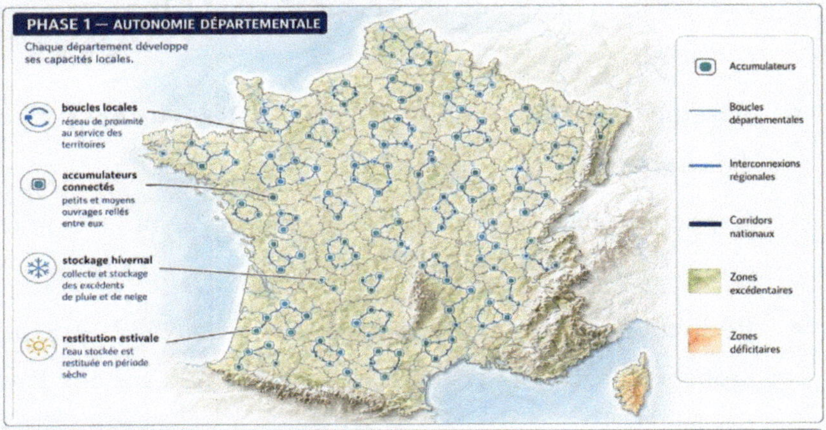

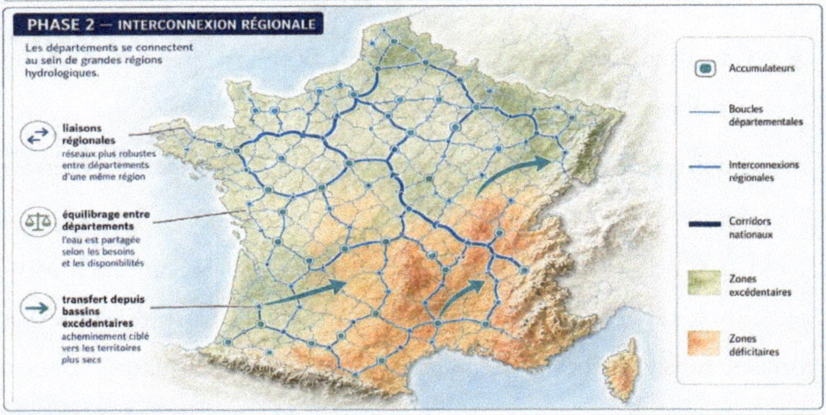

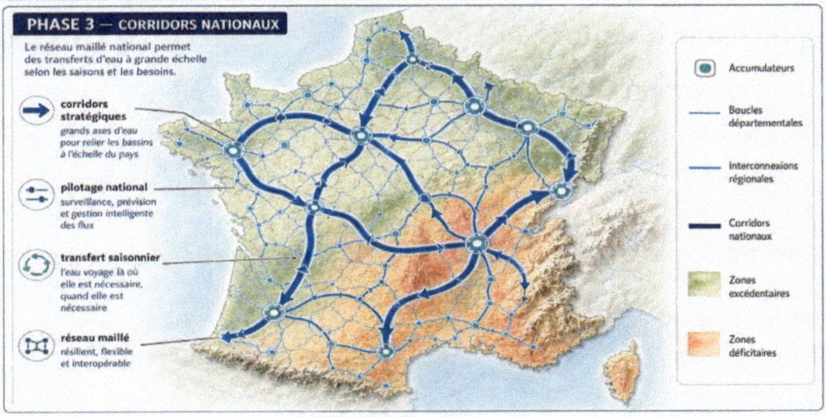

Vue d'artiste — implantation indicative

Chapitre 7 — Qui finance, combien, comment

Le chiffre qui fait peur

Cent milliards d'euros.

C'est la somme nécessaire pour déployer le Grid Hydrique National dans sa totalité, sur dix ans.

Cent milliards. Certains s'arrêtent là. C'est trop. C'est impossible. Ce n'est pas sérieux.

Permettez qu'on mette ce chiffre en perspective — parce que, dans le contexte des choix que la France fait chaque décennie, cent milliards n'est ni une somme exceptionnelle, ni une somme hors de portée.

Le Grand Paris Express : même budget, une seule ville

En ce moment, la France construit le plus grand projet d'infrastructure de son histoire récente : le Grand Paris Express [ch07-1].

Quatre nouvelles lignes de métro automatique. 200 kilomètres de tunnels. 68 nouvelles gares.

Budget : **36 milliards d'euros** selon le coût actualisé arrêté par la Société des Grands Projets en 2021 [ch07-1].

Pour une seule région. Pour transporter des voyageurs en Île-de-France.

Le Grid Hydrique National coûterait deux à trois fois plus. Mais il protégerait **68 millions de Français** dans **toutes les régions**. Il sécuriserait l'alimentation, l'eau potable, l'activité industrielle et agricole d'un pays entier. Et il le ferait pour les cent prochaines années — comme le Canal du Midi, inauguré en 1667, fonctionne encore aujourd'hui.

Quand on compare deux projets de même nature, le Grid n'est pas hors de proportion. Il est, à l'échelle de son utilité, raisonnable.

Ce que l'inaction coûte déjà

Voici le calcul que personne ne pose sur la table.

France Assureurs a chiffré le coût des seuls sinistres sécheresse pour la période 2020-2050 : **43 milliards d'euros** [ch07-2].

Ce n'est pas le coût d'un projet ambitieux. C'est le coût de ne rien faire. Quarante-trois milliards d'euros qui partiront en indemnisations, en camions-citernes, en arrêtés préfectoraux, en exploitations agricoles abandonnées — sans que rien ne soit résolu pour l'année suivante.

Construire ou subir : le point de bascule

100 Md€ investis en dix ans face à une facture climatique qui continue de courir

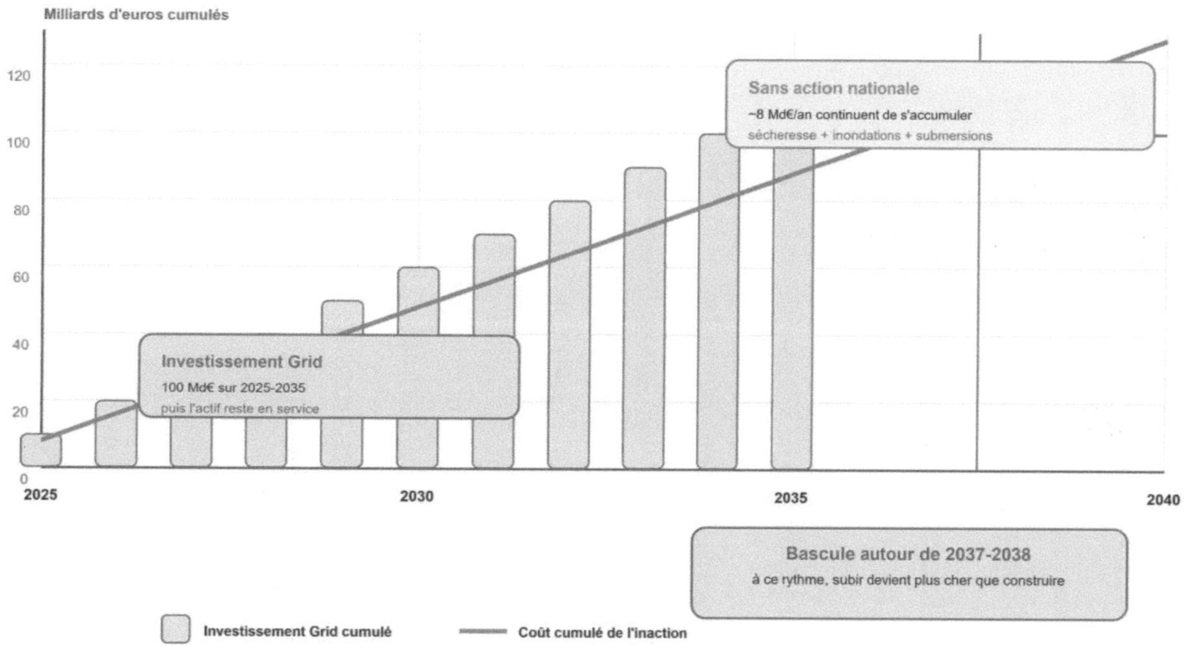

Lecture : le Grid est modélisé comme une dépense de 10 Md€/an pendant dix ans.
Les coûts climatiques liés à l'eau continuent ensuite chaque année si aucune infrastructure nationale de prévention n'est construite.
Sources : CCR / France Assureurs, bilans 2022-2024 ; scénario auteur.

Barres bleues : investissement Grid cumulé (100 Md€ sur 10 ans). Ligne rouge : coût cumulé des catastrophes naturelles liées à l'eau — sécheresse + inondations + submersions — au rythme actuel (~8 Md€/an), sans action nationale. Sources : CCR / France Assureurs bilans 2022-2024 ; scénario auteur.

À partir d'un certain point, ne pas construire coûte plus cher que construire. Ce point est devant nous — et il approche.

D'où vient l'argent : le plan de financement

Cent milliards d'euros ne sortent pas d'un seul budget. Ils se construisent couche par couche, en mobilisant des mécanismes qui existent déjà [ch07-11].

1 — Les fonds européens (40 Md€)

L'Union européenne finance déjà les infrastructures hydrauliques via le FEDER (Fonds européen de développement régional) et le FEADER (développement rural) [ch07-3]. La Banque européenne d'investissement dispose d'un programme dédié aux infrastructures climatiques — elle a co-financé des projets équivalents en Espagne, au Portugal et aux Pays-Bas [ch07-4].

Pour la période 2021-2027, la France dispose d'enveloppes européennes non encore allouées dans ces catégories [ch07-3]. Un projet d'infrastructure hydrique nationale serait éligible à plusieurs lignes simultanément.

2 — L'emprunt vert souverain (30 Md€)

La France émet des obligations d'État vertes (*green bonds*) depuis 2017 [ch07-5]. Ces emprunts financent des projets à impact climatique mesurable — exactement ce que le Grid représente. Les taux sont favorables : les marchés rémunèrent les États qui s'engagent sur des actifs verts à long terme.

Dix milliards par an pendant dix ans sur ce mécanisme — une fraction de la capacité d'emprunt française, pour un actif national durable.

3 — Les partenariats public-privé (20 Md€)

Les compagnies d'assurance ont un intérêt direct et chiffré à financer ce projet. Moins de sinistres sécheresse = moins d'indemnisations. France Assureurs, Covéa, Groupama, la Caisse centrale de réassurance — tous ont accès aux mêmes projections. Tous savent que leurs réserves vont être sévèrement sollicitées d'ici 2050.

Un modèle de PPP permettrait aux assureurs de co-financer la construction en échange d'une réduction garantie des sinistres — une logique de prévention plutôt que de réparation. Ce modèle existe déjà dans le secteur de la santé [ch07-6].

Les acteurs du monde agricole — coopératives, chambre d'agriculture, industries agroalimentaires — auraient également un intérêt économique direct à contribuer à un fonds de financement de phase 1.

Il faut ajouter un troisième groupe d'acteurs privés, souvent oublié : les gestionnaires de réseaux.

Un Grid Hydrique National, ce ne sont pas seulement des bassines et des canalisations d'eau. Ce sont des milliers de kilomètres de tracés, de tranchées, de servitudes, de chambres techniques, de postes de contrôle, de capteurs et de galeries accessibles. Autrement dit : du génie civil lourd, exactement ce qui coûte le plus cher dans la modernisation des réseaux.

Pour Enedis — l'ancien ERDF — et, selon les niveaux de tension, pour RTE, ces travaux pourraient être l'occasion d'enterrer ou de renforcer des lignes électriques sensibles. Enedis enfouit déjà des lignes de moyenne tension pour améliorer la résilience du réseau face aux vents violents, à la neige et aux tempêtes [ch07-9]. Le Grid offrirait une occasion rare : mutualiser une partie des terrassements, passer des fourreaux électriques le long des corridors hydriques, sécuriser l'alimentation des stations de pompage et réduire la dépendance aux lignes aériennes dans les zones exposées.

Pour les opérateurs télécoms — Orange, SFR, Bouygues Telecom, Free, les opérateurs d'infrastructures fibre — le raisonnement est identique. Le coût d'un réseau très haut débit n'est pas seulement dans la fibre. Il est dans le génie civil : ouvrir, sécuriser, enterrer, raccorder, maintenir. Là aussi, l'ARCEP encadre déjà la mutualisation des fourreaux et l'accès au génie civil pour déployer la fibre [ch07-9]. Chaque corridor hydrique pourrait donc devenir aussi un corridor numérique : fibre de supervision du Grid, mais aussi capacité télécom disponible pour les territoires traversés.

Pour le gaz, la logique existe déjà sous forme de canalisations enterrées. GRDF gère le réseau de distribution, GRTgaz et Teréga les grands réseaux de transport. À mesure que le gaz naturel recule et que montent le biométhane, l'hydrogène ou d'autres gaz renouvelables, certains tracés devront être adaptés, renforcés, convertis ou sécurisés. Là encore, la question n'est pas de tout mélanger dans une même conduite. Elle est de coordonner les emprises, les tranchées, les servitudes et les calendriers de travaux.

Le principe est simple : quand la France ouvre le sol pour un siècle, elle ne devrait pas l'ouvrir une seule fois pour l'eau, puis une deuxième fois pour l'électricité, puis une troisième fois pour la fibre, puis une quatrième fois pour le gaz. Elle devrait créer des **corridors multi-réseaux** : eau, énergie, données, capteurs, maintenance. Moins de travaux répétés. Moins de coûts publics. Moins de nuisances locales. Plus de résilience.

Dans ce modèle, les partenariats public-privé ne se limiteraient donc pas à "des assureurs qui financent des bassines". Ils deviendraient une coalition d'infrastructures : assureurs, monde agricole, gestionnaires électriques, opérateurs télécoms, réseaux gaz, peut-être demain opérateurs hydrogène, data centers, industriels électro-intensifs ou collectivités numériques. Chacun paierait une part parce que chacun gagnerait quelque chose : de la sécurité, de la capacité, de la continuité de service, et des coûts de déploiement réduits.

4 — Les collectivités (10 Md€)

Les régions et départements participent déjà au financement des infrastructures d'eau sur leur territoire. Leur contribution au Grid ne remplacerait pas leurs investissements existants — elle les coordonnerait et les amplifierait.

Répartition du financement envisagé

Scénario auteur : 100 Md€ sur dix ans, mobilisés par couches complémentaires

Principe : aucun guichet unique, mais quatre canaux déjà mobilisables.

40 Md€ — fonds européens

FEDER, FEADER et BEI pour les infrastructures climatiques.

30 Md€ — emprunt vert souverain

Obligations vertes françaises pour financer un actif national durable.

20 Md€ — partenariats public-privé

Assureurs, agriculture, énergie, télécoms et gestionnaires de réseaux.

10 Md€ — collectivités

Régions et départements, en complément de leurs investissements existants.

Source : scénario de financement auteur, détaillé au chapitre 7.

Le retour sur investissement : les chiffres

Un investissement public de cette ampleur génère des retombées mesurables. Elles se présentent sous plusieurs formes.

- **Sinistres sécheresse évités :** 43 Md€ sur 2020-2050.
- **Sinistres inondation réduits :** ~25 Md€ sur 2030-2050, avec une réduction de 50 % [ch07-12].
- **Production agricole maintenue :** ~5 Md€/an dès 2030.
- **Emplois créés :** 50 000 emplois pendant 10 ans, pour la construction et la maintenance [ch07-10], sur 2025-2035.
- **Retombées fiscales :** 80 à 100 Md€ de TVA, IR et IS sur 2025-2050 [ch07-7].
- **Export de résilience hydrique vers l'Europe :** option stratégique après 2050, si interconnexion européenne [ch07-8].

Les 50 000 emplois méritent un arrêt. Ce ne sont pas des emplois délocalisables. Des terrassiers, des hydrauliciens, des techniciens de maintenance, des ingénieurs systèmes, des soudeurs, des électriciens — partout en France, pendant dix ans. Cent milliards d'euros investis en territoire national génèrent une activité économique locale qui finit, en grande partie, dans les caisses de l'État sous forme de cotisations et d'impôts.

Mais il existe un autre retour sur investissement, plus lointain, plus stratégique, et potentiellement considérable : l'export d'eau douce, ou plus exactement l'export de **résilience hydrique**.

Aujourd'hui, cette idée paraît presque provocante. L'eau n'est pas du pétrole. Elle n'est pas une marchandise ordinaire. Elle est un bien vital, un bien commun, une condition de souveraineté. Il ne s'agirait donc jamais de vendre l'eau française au plus offrant pendant que des territoires français manqueraient d'eau. La priorité resterait absolue : milieux naturels, eau potable, agriculture, industrie, sécurité nationale.

Mais après 2050, si la France disposait d'un Grid mature, piloté, excédentaire certains hivers, et si d'autres pays européens développaient des infrastructures compatibles, une nouvelle question apparaîtrait : que faire des volumes réellement disponibles au-delà des besoins nationaux et écologiques ?

L'Europe va devoir répondre à cette question. La Commission européenne a déjà inscrit la résilience de l'eau dans une vision à l'horizon 2050, face aux sécheresses, aux inondations et à la raréfaction de la ressource. L'Agence européenne pour l'environnement souligne que le stress hydrique touche déjà fortement le sud de l'Europe, avec des tensions permanentes dans certaines zones et des tensions estivales beaucoup plus larges [ch07-8]. Espagne, Italie, Grèce, Portugal, sud de l'Allemagne, Belgique, Pays-Bas : tous les pays ne manqueront pas d'eau au même moment, mais tous auront besoin de mieux répartir, stocker et sécuriser leurs ressources.

Dans ce contexte, un Grid français ne serait plus seulement une infrastructure nationale. Il deviendrait une brique possible d'un **grand Grid hydrique européen**.

La France pourrait exporter trois choses.

D'abord, de l'eau brute, dans des conditions strictes : uniquement des volumes excédentaires, uniquement après satisfaction des besoins nationaux, uniquement via des contrats publics, et jamais au détriment des nappes, des rivières ou des zones humides.

Ensuite, de la capacité de stockage et de transfert. Comme dans l'électricité, la valeur ne serait pas seulement dans le volume livré, mais dans la capacité à garantir un débit au bon moment. Un pays voisin pourrait payer non pour "acheter de l'eau", mais pour réserver une capacité saisonnière : tant de mètres cubes disponibles en cas de sécheresse, tant de jours de soutien, tant de sécurité pour une région agricole ou industrielle.

Enfin, la France pourrait exporter son savoir-faire : ingénierie hydraulique, pilotage intelligent, vannes, capteurs, logiciels de supervision, maintenance, modèles de gouvernance, financement public-privé, normes environnementales. Ce serait une filière industrielle complète, exactement comme le nucléaire, le ferroviaire, les réseaux électriques ou les concessions autoroutières ont créé des compétences exportables.

Le retour sur investissement changerait alors d'échelle. Le Grid ne serait plus seulement une dépense évitant des pertes. Il deviendrait une infrastructure productive, capable de générer des recettes, de créer une industrie, de donner à la France un rôle central dans la sécurité hydrique européenne.

Ce n'est pas le modèle de départ. Ce n'est pas l'argument pour lancer le projet. Mais c'est le scénario de maturité : après avoir sécurisé la

France, le Grid pourrait devenir une colonne vertébrale de solidarité et de puissance à l'échelle du continent.

Un investissement de 100 milliards, c'est aussi un retour fiscal de 80 à 100 milliards sur vingt-cinq ans [ch07-7]. La question de "qui paie" se transforme en "qui investit" — et l'investissement est rentable.

La comparaison qui lève les derniers doutes

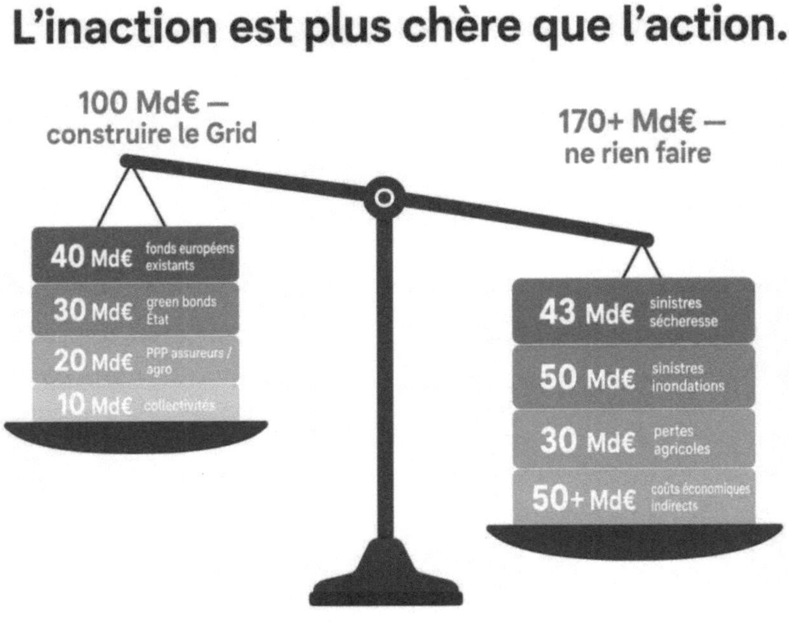

Il n'existe pas de grande infrastructure nationale qui n'ait pas semblé "trop chère" à ses opposants. Le Canal du Midi a ruiné Pierre-Paul Riquet, qui y a englouti sa fortune personnelle. Le réseau autoroutier a été jugé "pharaonique" dans les années 1960. EDF a été qualifiée de "socialisme rampant" par ceux qui défendaient les 1 300 sociétés privées.

Ces objections ont été balayées par les faits. Les ouvrages sont là. Ils fonctionnent encore.

La décision est politique, pas technique ni financière

Il n'existe pas d'obstacle technique. La technologie est maîtrisée.

Il n'existe pas d'obstacle financier. Les mécanismes sont disponibles.

L'obstacle est politique. Cent milliards d'euros sur dix ans requièrent une décision d'État, une loi-programme, une volonté nationale.

Et c'est précisément pourquoi ce livre existe.

Dans le chapitre suivant, vous allez voir que ce n'est pas une théorie. C'est déjà en train de se construire — là où personne ne l'attendait.

Chapitre 8 — Le pilote des Deux-Sèvres : ce qu'il prouve vraiment

Un département qui a refusé d'attendre

Les Deux-Sèvres. Un département que la plupart des Français seraient en peine de situer sur une carte sans hésitation.

C'est pourtant là que se joue, depuis plus de dix ans, l'un des tests les plus observés de ce que pourrait devenir une gestion collective de l'eau en période de stress hydrique.

Le contexte : les Deux-Sèvres sont au cœur du bassin Sèvre Niortaise - Mignon - Marais Poitevin. Terres agricoles, polyculture-élevage, maïsiculture irriguée. Sur les bassins de la Sèvre Niortaise amont et du Mignon, un rapport interministériel de 2018 recensait **9 600 hectares irrigués dans 230 exploitations agricoles**, essentiellement par pompages estivaux en nappe [ch08-1]. Le territoire cumule donc trois tensions : des besoins agricoles réels, des milieux aquatiques fragiles, et une ressource estivale de plus en plus disputée.

Sainte-Soline, en mars 2023, n'était pas un hasard. C'était l'explosion d'une tension accumulée depuis des décennies dans un territoire qui ne savait plus comment partager une ressource qui s'amenuisait [ch08-2].

Ce que les caméras n'ont pas toujours montré : derrière l'affrontement politique, il existe un dossier technique, administratif et juridique beaucoup plus précis. Et c'est ce dossier qu'il faut regarder si l'on veut comprendre ce que les Deux-Sèvres prouvent vraiment.

Le projet Sèvre Niortaise - Mignon : la preuve par le dossier

Les Organismes Uniques de Gestion Collective (OUGC) sont prévus par le Code de l'environnement : ils déposent les demandes d'autorisation pluriannuelle de prélèvements pour l'irrigation, arrêtent chaque année un plan de répartition, et rendent compte aux services de l'État [ch08-3]. Ils existent précisément parce que l'eau agricole ne peut plus être gérée comme une somme de prélèvements individuels.

Dans le bassin Sèvre Niortaise - Mignon, la question posée était simple :

Comment fait-on pour qu'il y ait assez d'eau pour tout le monde en été ?

La réponse a pris la forme d'un programme de réserves de substitution porté par la Société coopérative anonyme de l'eau des Deux-Sèvres, dans le cadre du projet de territoire et du Contrat territorial de gestion quantitative Sèvre Niortaise - Mignon [ch08-4]. Le principe : remplir des réserves en hiver, sous conditions de niveau de nappe et de débit des cours d'eau, puis utiliser cette eau en été pour réduire les prélèvements directs en période d'étiage.

Ce qui a été autorisé, modifié, contesté

Le dossier a beaucoup évolué, et il faut être précis.

Le projet initial autorisé par arrêté inter-préfectoral du 23 octobre 2017 portait sur **19 réserves** pour **8,65 millions de mètres cubes**. Il a ensuite été ramené à **16 réserves** pour **7,03 millions de mètres cubes** par arrêté du 20 juillet 2020, puis à **6,19 millions de mètres cubes** par arrêté du 22 mars 2022 [ch08-4].

Les ordres de grandeur vérifiables sont donc les suivants :

- **16 réserves dans la version réduite du projet**
- **Capacité autorisée après réduction :** environ 6,2 millions de mètres cubes
- **Projet concernant 230 exploitations agricoles**
- **Coût initialement discuté :** environ 55 à 60 millions d'euros
- **Logique :** prélèvement hivernal sous seuils réglementaires + usage estival en substitution des prélèvements d'étiage [ch08-1]

L'une de ces réserves — celle de Sainte-Soline elle-même — est devenue le symbole de la contestation en 2023. Mais le symbole ne doit pas faire oublier deux faits simultanés : le principe de substitution a été examiné techniquement et juridiquement ; une partie du projet reste contestée, notamment sur les enjeux d'espèces protégées.

Chronologie du programme

Sèvre Niortaise - Mignon

2017 — **Autorisation initiale**

19 réserves pour 8,65 Mm³ par arrêté inter-préfectoral.

2020 — **Réduction officialisée**

16 réserves pour 7,03 Mm³ dans la version réduite du projet.

2022 — **Capacité ramenée**

Nouvelle réduction : environ 6,19 Mm³ autorisés.

2023 — **Sainte-Soline**

Le conflit local devient un symbole national du débat sur l'eau.

2024 — **Contrôle du juge**

Quatre réserves illégales sans dérogation espèces protégées.

Ce que le dossier prouve

Techniquement encadrable.

Juridiquement contrôlable.

Politiquement explosif sans gouvernance claire.

Lecture : le dossier a été réduit, contrôlé et contesté ; c'est précisément l'enjeu du Grid.

Les résultats : ce que les données permettent réellement de dire

Il faut être rigoureux : les données publiques disponibles ne permettent pas encore d'affirmer que le programme a déjà produit, en conditions réelles, une stabilisation mesurée des étiages à l'échelle du bassin. Les réserves ne disposent pas encore d'un retour d'expérience complet sur plusieurs cycles hydrologiques.

Ce que l'on peut dire, en revanche, est solide.

Le mécanisme est clair : les prélèvements de remplissage sont prévus entre le 1er novembre et le 31 mars, et ne peuvent intervenir que si les niveaux de nappe et les débits des cours d'eau dépassent des seuils fixés. La cour administrative d'appel de Bordeaux a relevé que l'autorisation conditionne le remplissage au respect de ces indicateurs et impose un suivi continu [ch08-4].

Le principe hydrologique a été modélisé : le BRGM a simulé les effets du scénario de stockage proposé par Coop 79 sur les niveaux de nappe, les échanges nappe-rivière et les débits des cours d'eau. Cette expertise ne constitue pas une preuve définitive : elle repose sur un modèle régional, sur une période de référence 2000-2011, et ne simule pas les effets futurs du changement climatique. Mais elle fournit une base technique vérifiable pour discuter le projet [ch08-5].

Le juge administratif n'a pas invalidé le principe de gestion quantitative : dans sa dernière analyse, la cour a considéré qu'aucun élément du dossier ne permettait de dire que les prélèvements hivernaux empêcheraient le retour à un bon état quantitatif et qualitatif des cours d'eau. En revanche, elle a jugé quatre réserves, dont Sainte-

Soline, illégales tant qu'une dérogation "espèces protégées" n'est pas obtenue [ch08-4].

Autrement dit : les Deux-Sèvres ne prouvent pas encore que le système fonctionne parfaitement. Elles prouvent autre chose, plus important pour ce livre : le principe est techniquement modélisable, administrativement encadrable, juridiquement contrôlable, et politiquement explosif si la gouvernance n'est pas irréprochable.

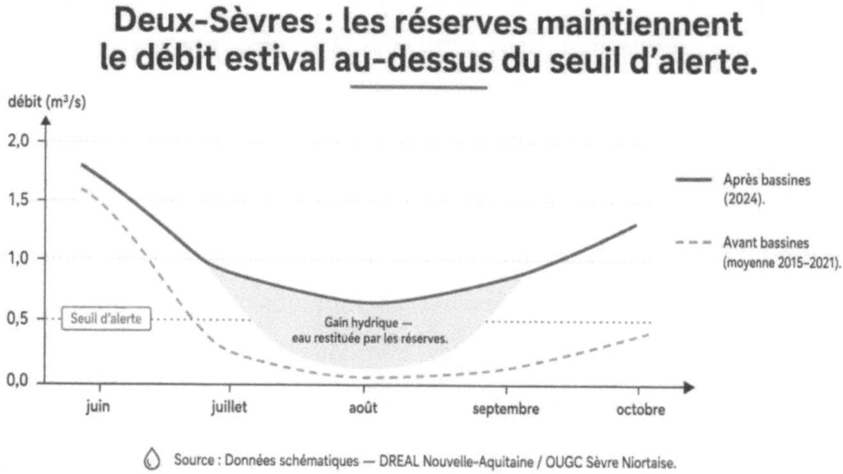

Ce que Sainte-Soline a vraiment révélé

Les affrontements de mars 2023 méritent qu'on s'y arrête — non pour les rejouer, mais pour les comprendre.

La contestation n'était pas homogène. Parmi les manifestants, il y avait des militants radicaux qui s'opposent à toute retenue d'eau sous quelque forme que ce soit. Mais il y avait aussi des riverains, des pêcheurs, des apiculteurs — des gens qui posaient des questions légitimes sur la gouvernance du projet, sur qui décide, qui contrôle, qui bénéficie.

Ces questions sont bonnes. Elles auraient dû être posées dans des salles de réunion, pas dans un champ sous des grenades lacrymogènes.

Il faut accepter de les entendre jusqu'au bout. Quand des habitants demandent qui aura accès à l'eau stockée, ils ne posent pas une question secondaire. Quand des associations demandent comment les seuils de remplissage seront vérifiés, elles ne font pas obstacle à la technique : elles demandent que la technique rende des comptes. Quand des agriculteurs eux-mêmes rappellent que l'eau ne peut pas servir à prolonger indéfiniment des cultures inadaptées à leur territoire, ils posent une question agricole, pas seulement écologique.

Ce livre ne reprend pas l'idée selon laquelle toute retenue serait par nature illégitime. Mais il ne défend pas non plus un droit abstrait à stocker l'eau sans conditions. Une politique hydrique sérieuse doit tenir les deux bouts : sécuriser les usages humains et agricoles, tout en garantissant la recharge des nappes, les débits des cours d'eau, la qualité des milieux et la transparence de la décision publique.

Ce que Sainte-Soline a mis en lumière : **l'absence d'un cadre national clair**. Quand un projet local est laissé à lui-même, il devient le terrain de projections nationales. Une bassine en Deux-Sèvres ne devrait pas cristalliser le débat sur l'eau en France — mais comme il n'y a pas de débat national, elle l'a fait par défaut.

Le Grid Hydrique National résoudrait précisément ce défaut : en posant un cadre national, avec une gouvernance transparente, des règles claires, un contrôle citoyen. Les projets locaux ne seraient plus des bastions à défendre ou à attaquer — ils seraient des maillons d'un réseau qui appartient à tous.

La réplicabilité : Deux-Sèvres × 96 départements

Le modèle des Deux-Sèvres n'est pas un cas particulier. C'est une démonstration de principe — mais pas encore une démonstration de performance complète.

Ses caractéristiques sont génériques : - Un bassin versant en tension - Des acteurs agricoles organisés - Une OUGC comme maître d'ouvrage - Un financement mixte (État + agences de l'eau + collectivités) - Une logique de substitution : prélever l'hiver, restituer l'été

Ces ingrédients existent ou peuvent être créés dans la grande majorité des départements du Sud, du Sud-Ouest et du Centre. La Phase 1 du Grid reprendrait exactement ce schéma — avec un financement national, une coordination inter-bassins, et un pilotage intelligent que les Deux-Sèvres n'ont pas encore.

Environ 55 à 60 millions d'euros pour un bassin. 100 milliards pour l'ensemble de la France.

Le ratio n'est pas linéaire — les économies d'échelle, la mutualisation des infrastructures et la coordination nationale réduiraient significativement le coût unitaire. Mais l'ordre de grandeur est cohérent. La technologie existe. Le modèle administratif existe. Ce qui reste à prouver, ce sont les résultats mesurés dans la durée et la capacité à construire une gouvernance acceptée.

Deux-Sèvres : ce que le pilote prouve

Un modèle local, pas encore une preuve de performance nationale

Pilote local

Sèvre Niortaise - Mignon

- 16 réserves dans la version réduite
- environ 6,2 Mm^3 autorisés
- 230 exploitations concernées

Principe technique

Stocker l'hiver, substituer l'été

- remplissage sous seuils réglementaires
- usage estival pour limiter les prélèvements d'étiage
- suivi hydrologique et contrôle administratif

Ce qui est réplicable

Boucles locales de Phase 1

- bassins versants en tension
- acteurs agricoles organisés
- financement public + agences de l'eau + collectivités

Ce qui doit changer

Passer du local isolé au système national

- coordination inter-bassins
- gouvernance transparente
- données publiées en continu

Conclusion

Le pilote montre que le mécanisme existe.

Le Grid doit prouver l'échelle, la mesure et la confiance.

Lecture : les Deux-Sèvres prouvent un cadre possible, pas encore un résultat généralisable.

Ce que les Deux-Sèvres nous apprennent sur la suite

Trois leçons à retenir de cette expérience pionnière.

Première leçon : le principe est crédible, mais il doit être mesuré. Le stockage hivernal / restitution estivale est un mécanisme hydrologique cohérent, encadré par des seuils et modélisé par des experts. Mais il ne faut pas prétendre que tous ses bénéfices sont déjà démontrés en conditions réelles sur plusieurs années. C'est précisément pour cela qu'un Grid national devrait publier ses données en continu.

Deuxième leçon : un projet local ne suffit pas seul. Sans cadre national, sans gouvernance claire, sans communication sur ses principes et ses résultats, il devient vulnérable — aux contestations, aux instrumentalisations, aux blocages administratifs. Le Grid National n'est pas l'addition de cent projets locaux. C'est un système cohérent, piloté, dont chaque maillon est connecté aux autres et rend compte à tous.

Troisième leçon : les opposants légitimes ont raison sur la gouvernance, pas sur le principe. Poser la question "qui décide et comment" n'est pas s'opposer à l'eau. C'est exiger la transparence. Le Grid doit l'intégrer dès sa conception.

L'Acte 2 s'achève ici.

Vous savez maintenant ce que le Grid est, comment il fonctionne, ce qu'il coûte, et pourquoi le cas des Deux-Sèvres est à la fois précieux et insuffisant : il montre le principe, les conflits, les conditions de réussite et les erreurs à ne pas reproduire.

La question n'est plus : *est-ce possible ?*

La question est : *comment est-ce qu'on fait en sorte que ça arrive ?* C'est l'Acte 3.

Chapitre 9 — Le peuple a déjà changé la France

L'histoire qu'on ne vous raconte jamais

Quand on parle de grands changements en France, on parle presque toujours d'en haut. De de Gaulle qui signe une ordonnance. D'un président qui annonce une réforme. D'un premier ministre qui présente un plan.

L'histoire réelle est plus compliquée — et bien plus encourageante.

Les transformations les plus profondes de la société française ne sont pas venues des palais. Elles sont venues de la rue, des tribunaux, des pétitions, des lettres ouvertes, des syndicats, des associations, des maires de village, des médecins de campagne, des journalistes de province.

Voici trois exemples que vous connaissez — mais pas sous cet angle.

La Sécurité sociale : une idée populaire contre les puissants

En 1945, la création de la Sécurité sociale ne tombait pas du ciel. Elle reprenait une promesse du programme du Conseil national de la

Résistance : bâtir un "plan complet de Sécurité sociale" capable de protéger les citoyens contre les grands risques de l'existence [ch09-1].

Mais le projet bousculait des intérêts installés. L'ordonnance du 4 octobre 1945 mettait fin à la dispersion des anciennes assurances sociales, réduisait le poids du monopole patronal dans certaines caisses, et affirmait une logique nouvelle : une organisation nationale, obligatoire, financée par cotisations, gérée avec les partenaires sociaux [ch09-1].

Ce qui a emporté la décision : une coalition issue de la Résistance, du mouvement ouvrier, de hauts fonctionnaires réformateurs comme Pierre Laroque, de responsables syndicaux et de responsables politiques convaincus que la Libération devait aussi être sociale.

La Sécu n'a donc pas été simplement "donnée" par l'État. Elle a été rendue possible par un rapport de forces historique, par l'expérience de la guerre, par le programme du CNR, et par une mobilisation sociale qui traversait une partie décisive du pays.

Aujourd'hui, si vous interrogez un Français sur ce qu'il ne voudrait jamais perdre, la réponse est presque universelle : la Sécurité sociale. Ce que les puissants refusaient comme impossible est devenu la fierté nationale.

Le droit de vote des femmes : cinquante ans de combat

Les femmes françaises ont voté pour la première fois le 29 avril 1945, lors des élections municipales [ch09-2].

La France — pays des Lumières, des Droits de l'Homme, de Liberté-Égalité-Fraternité — a accordé ce droit longtemps après plusieurs démocraties comparables : la Nouvelle-Zélande dès 1893, le Royaume-Uni à partir de 1918, les États-Unis en 1920 [ch09-2].

Cette tardivité n'est pas venue d'une indifférence populaire. Elle est venue d'une classe politique masculine qui trouvait mille raisons de retarder une évidence. "Les femmes voteraient comme leur curé leur dirait." "Ce n'est pas le bon moment." "Il faut d'abord stabiliser la République."

Ce qui a finalement fait basculer : la guerre, la Résistance, et le retour de la question à l'agenda institutionnel entre 1942 et 1944. L'Assemblée consultative provisoire d'Alger a approuvé l'octroi du droit de vote et d'éligibilité aux femmes en mars 1944 ; l'ordonnance du 21 avril 1944 l'a inscrit dans le droit [ch09-2]. Des femmes avaient risqué leur vie dans les maquis, transporté des messages, caché des Juifs, organisé des réseaux. La légitimité morale avait changé de camp.

L'abolition de la peine de mort : un homme contre un pays

En septembre 1981, Robert Badinter se lève à la tribune de l'Assemblée nationale et prononce le discours qui va conduire à l'abolition de la peine de mort en France [ch09-3].

Il n'était pas seul. Mais pendant des années, il l'avait semblé.

En 1981, les sondages d'opinion montraient que **62 % des Français étaient favorables au maintien de la peine capitale** [ch09-4]. Les politiques y revenaient rarement — le sujet était toxique, clivant, électoralement dangereux.

La loi est passée. Pas malgré l'opinion — mais parce qu'une poignée de personnes avaient décidé que certaines questions méritent d'être tranchées par conviction, pas par sondage. Et parce que derrière Badinter, il y avait des avocats, des associations, des intellectuels, des journalistes, qui avaient travaillé pendant des années à transformer l'opinion par l'argument.

Aujourd'hui, l'abolition de la peine de mort est inscrite dans l'identité juridique et diplomatique de la République française. Le débat peut ressurgir dans l'opinion, mais l'État français défend officiellement l'abolition universelle.

Le schéma qui se répète

Ces trois histoires n'ont rien en commun en apparence. Une protection sociale, un droit civique, une question pénale. Et pourtant, elles partagent une structure identique.

Étape 1 : un problème réel, documenté, mais ignoré par les institutions. Étape 2 : une minorité active qui refuse d'attendre et nomme le problème. Étape 3 : une coalition qui dépasse les clivages habituels. Étape 4 : une pression organisée, persistante, qui rend le statu quo coûteux. Étape 5 : le basculement — quand il devient politiquement plus risqué de ne pas agir que d'agir. Étape 6 : la décision nationale. Ce qui était "impossible" devient évidence.

Le schéma qui se répète

Comment une cause impossible devient une décision nationale

1 — Problème réel, institutions passives — Aujourd'hui

Le sujet est documenté, mais reste politiquement ignoré.

2 — Minorité active

Quelques acteurs nomment le problème et formulent une solution.

3 — Coalition large

Les soutiens dépassent les clivages habituels.

4 — Pression organisée

Courriers, médias, associations, élus et relais institutionnels.

5 — Basculement politique

Ne pas agir devient plus risqué que changer.

Décision nationale

Ce qui était jugé impossible
devient une évidence institutionnelle.

C'est le chemin que le Grid doit emprunter.

Lecture : le livre situe la crise hydrique à l'étape 1 et appelle à déclencher l'étape 2.

La crise hydrique de la France est à l'étape 1. Elle est documentée. Elle est ignorée par les institutions pour les raisons que vous avez lues au chapitre 4.

L'objectif de ce livre est de vous convaincre de participer à l'étape 2.

Pourquoi l'eau est différente — et plus simple

La Sécurité sociale impliquait une bataille idéologique profonde entre libéralisme et solidarité collective. Le droit de vote des femmes heurtait des structures sociales centenaires. L'abolition de la peine de mort allait à contre-courant d'une majorité d'opinion.

L'eau, c'est plus "simple".

Il n'y a pas de camp "pro-sécheresse". Il n'y a pas de lobby organisé pour défendre le droit à mourir de soif. Agriculteurs et écologistes, industriels et associations de protection des rivières, assureurs et contribuables — tout le monde a intérêt à ce que le problème soit résolu.

Ce qui manque, ce n'est pas le consensus. C'est la coordination.

Ce qui manque, ce n'est pas la volonté. C'est l'organisation.

Ce que vous allez lire dans les deux derniers chapitres, c'est précisément ça : comment se coordonner, avec qui, pour obtenir quoi.

Chapitre 10 — Ce que vous pouvez faire dès demain

Le piège de l'impuissance

On referme les livres sur les grands problèmes avec un sentiment désagréable.

On a compris. On est convaincu. Et puis quoi ?

Ce chapitre existe pour répondre à cette question — concrètement, sans romantisme militant, sans vous demander de sacrifier votre week-end ou votre vie professionnelle.

Il y a trois niveaux d'engagement. Choisissez celui qui correspond à votre temps, votre énergie, votre situation. Chaque niveau a de la valeur. Le premier tient en cinq minutes.

Niveau 1 — Cinq minutes

Pour ceux qui veulent faire quelque chose, maintenant, sans y passer leur soirée.

Rendez l'invisible visible.

Le premier obstacle politique du Grid n'est pas l'opposition. C'est l'invisibilité. La crise hydrique se déroule lentement, dans des nappes phréatiques que personne ne voit, dans des cours d'eau qu'on traverse en voiture sans regarder. Tant que le problème reste abstrait, aucune mobilisation n'est possible — et aucune pétition signée par des gens qui n'ont pas vu la sécheresse de leurs propres yeux n'a de poids politique réel.

Cinq minutes suffisent pour rompre l'invisibilité localement :

- Consultez la carte Propluvia de votre commune et de votre département — les arrêtés sécheresse en vigueur, les niveaux d'alerte, les restrictions [ch10-1].
- Photographiez un cours d'eau à sec, un forage en baisse, un champ en stress hydrique près de chez vous. Datez la photo. Partagez-la avec un commentaire factuel : *« Voici la Loue / le Lez / la Charente, le [date]. »*
- Postez-la là où vos voisins, vos élus, votre cercle local la verront — pas un fil national anonyme, mais un groupe communal, une page de quartier, un canal professionnel.

Ce n'est pas du militantisme. C'est du témoignage documenté. Et c'est précisément ce qui manque pour transformer un dossier technique en sujet politique.

Briefez une personne bien placée.

Oubliez les listes de signatures. La diffusion d'une idée fonctionne par arborescence ciblée, pas par diffusion de masse — et un signataire passif vaut moins qu'un acteur informé.

Identifiez *une* personne dans votre réseau qui a un levier réel sur ce dossier : un maire, un adjoint, un agriculteur, un membre de chambre d'agriculture, un fonctionnaire d'agence de l'eau, un journaliste local, un conseiller départemental. Une personne, pas dix.

Transmettez-lui ce livre — ou, si elle ne le lira pas, une synthèse imprimable d'une page : les enjeux, les chiffres clés et la demande politique. Ajoutez une phrase personnelle : *« Je pense que ce sujet vous concerne directement. Je serais curieux d'avoir votre lecture. »*

Trois personnes qui briefent une personne bien placée, qui en briefent une autre, qui en briefent une autre — en dix étapes, l'idée atteint un cabinet ministériel. La propagation d'une idée politique ressemble moins à une publicité TV qu'à une chaîne d'introductions.

Niveau 2 — Une heure

Pour ceux qui veulent aller plus loin et agir sur leur territoire immédiat.

Écrivez à votre maire.

Le maire est l'élu le plus accessible du système républicain français. Et les maires — surtout dans les communes rurales du Sud et du Centre — sont en première ligne de la crise hydrique. Ils savent. Ils attendent que quelqu'un leur donne des arguments et des outils.

Une lettre d'un habitant, avec des chiffres et une demande précise, a un poids que n'a pas une pétition en ligne. Elle oblige à répondre. Elle entre dans le registre des courriers officiels. Elle peut être relayée au préfet, au conseiller régional, au député.

Interpellez votre député ou sénateur.

La législature française donne à chaque parlementaire le droit de poser des questions au gouvernement — questions écrites, questions au gouvernement, questions orales. Une question posée par un parlementaire force le ministre concerné à produire une réponse écrite dans un délai de deux mois [ch10-2].

Un e-mail argumenté à votre député, avec les données de ce livre, peut déboucher sur une question parlementaire. Une question parlementaire entre dans le débat public. Le débat public change les temporalités politiques.

Niveau 3 — L'engagement

Pour ceux qui veulent en faire une cause personnelle.

Rejoignez ou créez un collectif local.

La France compte plusieurs associations citoyennes déjà actives sur les questions de l'eau — certaines portent déjà des propositions proches du Grid, d'autres sont ouvertes à l'élargir. Dans certains territoires, il n'en existe pas encore.

Un collectif local, c'est dix à vingt personnes qui se réunissent une fois par mois, organisent une réunion publique, tiennent un compte sur les réseaux sociaux, et font le lien entre les habitants et les élus. Ce n'est pas une organisation. C'est une présence.

Devenez référent agricole ou communal.

Si vous êtes agriculteur, membre d'une chambre d'agriculture, élu local, employé d'une agence de l'eau ou d'une collectivité — vous êtes dans une position particulière. Vous avez accès à des réseaux, à des données, à des prises de parole institutionnelles.

Un référent Grid dans une chambre d'agriculture régionale peut porter le sujet à l'ordre du jour d'une réunion de bureau. Un élu local peut soumettre une motion au conseil municipal demandant l'inscription du Grid dans le prochain Plan Eau départemental.

Ces actions ne sont pas spectaculaires. Elles sont structurantes.

La carte de l'engagement

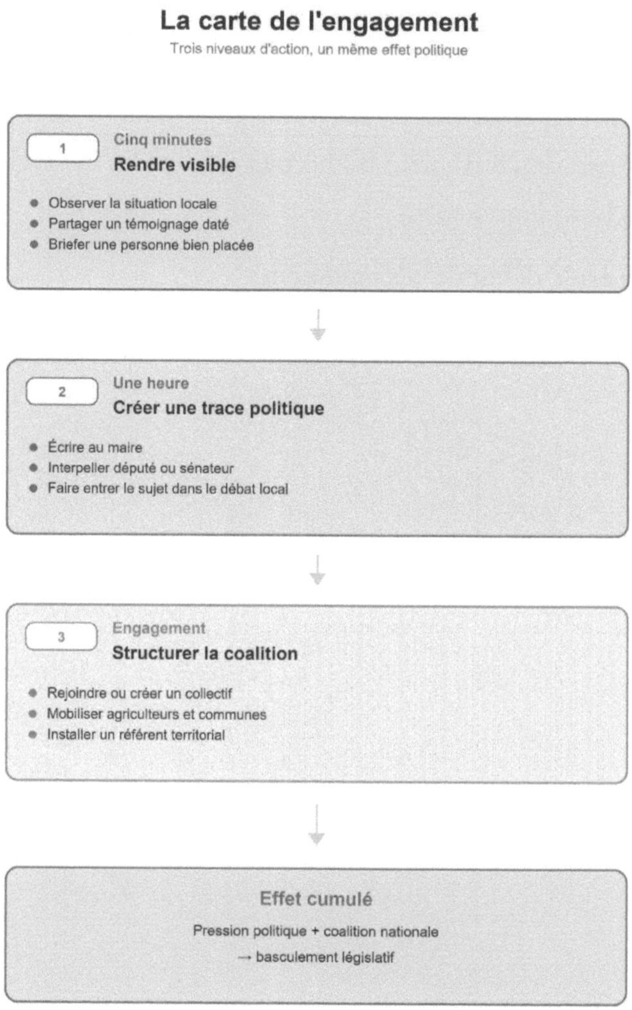

Lecture : chaque niveau reste utile seul ; leur répétition crée l'effet collectif.

Une chose à comprendre sur l'efficacité politique

Les personnes qui ont obtenu les changements les plus profonds dans l'histoire de France n'étaient pas nécessairement les plus nombreuses. Elles étaient les plus persistantes et les mieux organisées.

Les grands changements ne se produisent pas parce qu'une majorité silencieuse a changé d'avis. Ils se produisent parce qu'une minorité active a rendu le statu quo politiquement insupportable pour ceux qui ont le pouvoir de décider.

Vous n'avez pas besoin de convaincre 68 millions de Français. Vous avez besoin de convaincre les bonnes personnes — au bon moment, avec les bons arguments.

Ce livre est le début de ces arguments.

Le chapitre suivant vous dit qui convaincre en premier.

Chapitre 11 — Les alliés à mobiliser

La coalition improbable

Le Grid Hydrique National est un projet qui devrait réunir des acteurs qui ne se parlent habituellement pas.

Des agriculteurs et des associations de protection des rivières. Des compagnies d'assurance et des syndicats ouvriers. Des maires de droite et des élus verts. Des industriels de l'agroalimentaire et des défenseurs du bien commun.

Cette coalition peut exister — parce que chacun de ces acteurs a un intérêt réel, concret et chiffrable à ce que le problème soit résolu.

Ce chapitre est un guide pratique : qui sont vos alliés naturels, pourquoi ils le sont, et comment les approcher.

Allié 1 — Les agriculteurs

Pourquoi ils sont vos alliés les plus puissants

Les agriculteurs sont les premiers touchés par la crise hydrique. Ils le savent mieux que quiconque. La sécheresse de 2022 a coûté **plus de 5 milliards d'euros à la société française**, dont environ 500 millions d'euros de pertes agricoles directes — sur des rendements amputés jusqu'à 49 % pour le maïs non irrigué [ch11-1]. Depuis vingt ans, les exploitations du Sud-Ouest, de l'Occitanie et du Centre voient leurs rendements baisser chaque fois qu'un été sec succède à un printemps insuffisant.

Les agriculteurs ne sont pas contre les solutions hydrauliques. Ils sont parfois contre les solutions qu'on leur impose sans les consulter — c'est différent.

Comment les approcher

Les chambres d'agriculture sont le bon interlocuteur — elles ont accès aux données locales, elles parlent à tous les élus du territoire, et elles savent défendre des intérêts économiques concrets. Une demande d'inscription du Grid à l'ordre du jour d'une commission technique d'une chambre régionale peut déboucher sur une prise de position officielle qui pèse dans le débat.

La Fédération nationale des syndicats d'exploitants agricoles (FNSEA) et les Jeunes Agriculteurs ont des positions nuancées sur les retenues d'eau — mais ils portent structurellement la demande d'accès à l'irrigation. Un projet national qui sécurise l'accès à l'eau pour tous, sans conflit d'usage, est un projet agricole.

Ce qu'ils peuvent faire

Une prise de position d'une chambre d'agriculture régionale en faveur du Grid pèse autant qu'une pétition de 100 000 signatures aux yeux d'un préfet ou d'un parlementaire. Les agriculteurs ont une légitimité politique et économique que les citoyens ordinaires n'ont pas seuls.

Allié 2 — Les compagnies d'assurance

Pourquoi elles ont un intérêt financier direct

France Assureurs porte les projections à 43 milliards d'euros de sinistres liés à la sécheresse d'ici 2050 — un triplement par rapport aux trente années précédentes [ch11-2]. L'essentiel concerne les dégâts du retrait-gonflement des argiles sur les habitations : plus de dix millions de maisons individuelles sont exposées à ce risque en France. La Caisse centrale de réassurance supporte déjà environ la moitié des coûts des catastrophes naturelles via le régime Cat Nat.

Ces acteurs savent calculer un retour sur investissement. Si financer 20 milliards d'euros de réseau hydrique sur une décennie permettait d'éviter ne serait-ce que la moitié des 43 milliards de sinistres sécheresse projetés d'ici 2050, c'est une décision actuarielle, pas idéologique.

Le système assurantiel français finance déjà la prévention des risques climatiques par plusieurs canaux : le Fonds Barnier, alimenté par une surprime sur les contrats d'assurance, finance digues, recul du trait de côte et restauration de zones humides ; certains grands groupes (Axa Climate, par exemple) commencent à investir directement dans des solutions fondées sur la nature ; la CCR consacre une partie de ses ressources à la recherche, à la modélisation et à la prévention des risques climatiques [ch11-3]. Le Grid représente la même logique à une échelle supérieure.

Comment les approcher

Les directions des risques climatiques de Groupama, Covéa, Axa, et la direction de la CCR sont les bons interlocuteurs. Ils ont des équipes entières de modélisation qui travaillent exactement sur ces projections. Un contact introduit par une chambre d'agriculture ou un élu local vaut mieux qu'un e-mail froid.

Ce qu'elles peuvent faire

Un engagement de co-financement privé de quelques milliards d'euros, même conditionnel, transforme la nature politique d'un projet. Il passe du statut de “dépense publique” à celui “d’investissement rentable” — ce qui change radicalement son traitement dans les arbitrages budgétaires.

Allié 3 — Les maires et élus locaux

Pourquoi ils sont indispensables

Les maires ruraux vivent la crise de l’eau au quotidien. Beaucoup ont déjà géré des arrêtés sécheresse, des coupures d’irrigation, des problèmes de qualité de l’eau potable. Ils n’ont pas besoin d’être convaincus que le problème existe.

Ce qui leur manque, c’est un cadre national dans lequel porter leurs demandes. Un élu local isolé qui interpelle son préfet sur la gestion de l’eau se heurte à la fragmentation institutionnelle décrite au chapitre 4. Un élu local qui parle au nom d’un réseau national de communes portant le Grid parle avec une autorité différente.

Comment les approcher

L’Association des Maires de France (AMF) et les associations de maires ruraux (AMRF, FPCRN) sont les bons canaux d’entrée. Une résolution portée lors d’un congrès de l’AMF — même non contraignante — génère une couverture médiatique et oblige les gouvernements à répondre.

À l’échelle locale : proposez à votre maire d’inscrire une motion sur la politique de l’eau au prochain conseil municipal. Une motion qui demande au gouvernement de présenter un plan de gestion hydrique national à long terme n’est pas partisane — elle est gestionnaire.

Ce qu’ils peuvent faire

Les élus locaux ont accès aux préfets, aux parlementaires, aux médias régionaux. Ils peuvent relayer la demande dans des espaces institutionnels où une pétition citoyenne ne parvient pas.

Allié 4 — Les entreprises agroalimentaires

Pourquoi elles sont concernées

Les industries agroalimentaires implantées dans le Sud-Ouest, l'Occitanie et le Centre dépendent directement de l'approvisionnement en matières premières locales. Une sécheresse qui réduit la production de maïs, de fruits, de légumes ou de volailles se traduit directement par des coûts d'approvisionnement accrus, des arrêts de chaînes de production, des délocalisations.

Certaines grandes coopératives agricoles et entreprises agroalimentaires — Euralis, Maïsadour, Limagrain, Bonduelle — ont des intérêts économiques directs dans la résilience hydrique de leurs bassins d'approvisionnement [ch11-4].

Comment les approcher

Les directions développement durable et les directions des achats de ces entreprises sont sensibles aux risques d'approvisionnement liés au climat. Un argumentaire économique — coût de la sécheresse sur leurs marges, risque de délocalisation des approvisionnements — est plus efficace qu'un argumentaire environnemental.

Allié 5 — Les syndicats de l'eau et des travaux publics

Pourquoi ils ont intérêt à pousser

Un chantier de 100 milliards d'euros sur dix ans, c'est 50 000 emplois non délocalisables pendant une décennie. Ce sont des postes de terrassiers, de canalisateurs, de techniciens hydrauliques, d'électriciens industriels, d'ingénieurs systèmes — des métiers syndicalisés, en grande partie dans des territoires ruraux qui ont perdu de l'emploi industriel depuis trente ans.

La CGT Construction, la CFDT des Services, FO Travaux Publics — ces organisations syndicales n'ont pas de raison de s'opposer à un projet qui créerait des emplois de qualité sur l'ensemble du territoire.

Ce qu'ils peuvent faire

Les syndicats ont accès au Parlement par des voies que les citoyens ordinaires n'ont pas. Ils peuvent peser sur les négociations budgétaires. Ils ont des relais dans les collectivités locales et dans les partis politiques de toutes tendances.

La carte de la coalition

Les alliés à mobiliser

Une coalition d'intérêts concrets autour du Grid

Agriculteurs

FNSEA, JA, chambres d'agriculture

Intérêt : accès sécurisé à l'irrigation et stabilité des rendements

▼

Assureurs

France Assureurs, CCR, Groupama, Covéa, Axa

Intérêt : réduction des sinistres sécheresse et du risque Cat Nat

▼

Élus locaux

Maires ruraux, AMF, AMRF, régions

Intérêt : eau potable, continuité économique et autorité territoriale

▼

Agroalimentaire

Coopératives, industriels, acheteurs

Intérêt : sécurité d'approvisionnement et maintien des bassins productifs

▼

Syndicats

Eau, BTP, services, travaux publics

Intérêt : 50 000 emplois non délocalisables pendant dix ans

↓

Coalition nationale

Chaque acteur a son intérêt propre.

Ensemble, ils rendent le projet politiquement possible.

Lecture : la force du Grid vient de l'alignement d'intérêts habituellement séparés.

Ce que vous apportez à cette coalition

Vous n'êtes pas agriculteur, ni assureur, ni maire, ni syndicaliste.

Vous êtes citoyen. C'est à la fois moins et plus.

Moins : vous n'avez pas accès aux mêmes canaux institutionnels.

Plus : vous êtes la source de la légitimité démocratique que tous ces acteurs cherchent. Un assureur qui appuie le Grid a besoin d'une demande citoyenne pour justifier son engagement auprès de ses actionnaires. Un maire qui vote une motion a besoin de sentir que ses administrés attendent cette décision. Un syndicat qui prend position a besoin de savoir que la société civile est dans le même sens.

Votre rôle n'est pas d'être en première ligne. Il est de créer les conditions pour que ceux qui ont des leviers institutionnels aient envie — et besoin — de les actionner.

Conclusion — L'eau, bien commun

Revenons à Marie.

Août 2022. Lot-et-Garonne. Le robinet qui ne donne plus rien.

Marie ne lit pas les rapports du BRGM. Elle ne connaît pas le débit de l'Adour à l'étiage. Elle ne sait pas ce qu'est une Zone de Répartition des Eaux. Elle sait juste que l'eau qui était là depuis toujours n'est plus là.

Et personne ne lui explique pourquoi. Et personne ne lui dit ce qu'on va faire.

Ce livre a essayé d'être cette explication — et cette réponse.

Ce que vous savez maintenant

Vous savez que la France ne manque pas d'eau. Elle manque de la capacité à la garder quand elle est là, pour la redistribuer quand elle manque.

Vous savez que la crise n'est pas une anomalie. C'est une tendance longue, documentée par les organismes publics eux-mêmes, et que les projections pour 2050 sont sévères si on ne fait rien.

Vous savez que l'inaction a un coût — plus élevé, à terme, que le coût de l'action.

Vous savez que les mécanismes qui empêchent les décisions ne sont pas une fatalité. Ils ont déjà été contournés, en France, à plusieurs reprises, quand une coalition suffisamment large et suffisamment organisée a décidé que certains problèmes méritaient d'être résolus.

Vous savez qu'une solution existe. Qu'elle est techniquement maîtrisée. Qu'elle est financièrement finançable. Qu'elle fonctionne déjà, à petite échelle, dans les Deux-Sèvres.

Ce que l'eau représente

L'eau n'est pas qu'une ressource. C'est le fondement de tout le reste.

Pas d'eau — pas de nourriture. Pas de nourriture — pas de population. Pas d'eau — pas d'industrie, pas d'énergie, pas de villes.

Les civilisations qui ont péri l'ont souvent fait non pas par manque de territoire, ni par manque d'intelligence, mais par incapacité à gérer leur eau. Les Mayas. Les cités du Proche-Orient antique. Les villes romaines d'Afrique du Nord, dont les aqueducs en ruines témoignent encore de ce qui fut — et n'est plus.

La France de 2025 n'est pas en train de s'effondrer. Elle est en train de laisser se dégrader, lentement, les conditions de sa propre résilience.

Il est encore temps.

Ce que "bien commun" veut dire

L'eau est un bien commun. Pas au sens juridique du terme — au sens profond.

Elle ne peut pas appartenir à quelqu'un. Elle traverse les frontières, les propriétés, les bassins versants. Elle tombe sur le riche et sur le pauvre. Elle nourrit le champ du voisin avant d'arriver à votre robinet. Elle sortira de votre robinet pour alimenter les nappes que boiront vos enfants.

Gérer l'eau comme un bien commun — c'est accepter qu'aucune solution ne peut être purement locale, purement privée, purement individuelle. C'est accepter qu'un réseau national, piloté collectivement, au service de tous, est la seule réponse à la hauteur du problème.

Ce n'est pas du socialisme. Ce n'est pas de l'écologie politique. C'est de la gestion rationnelle d'une ressource partagée — exactement comme la France a géré l'électricité en 1946, les routes dans les années 1960, les télécommunications dans les années 1970.

L'acte 2 commence maintenant

Ce livre s'est donné un nom de travail : *"L'eau ou le chaos"*.

Mais il pourrait tout aussi bien s'appeler *"Le choix de la France"*.

Parce que c'est exactement ce qui est devant nous. Un choix. Non pas entre la prospérité et la décroissance, entre le progrès et la nature, entre la liberté et la contrainte. Un choix entre gérer activement une ressource vitale — ou la laisser se dégrader jusqu'à ce que la crise impose des solutions bien plus brutales que tout ce que ce livre propose.

Les restrictions de 2022 étaient douloureuses. Celles de 2035, si rien ne change, seront structurelles. Celles de 2050 redessineront la carte des territoires viables.

Vous avez les arguments. Vous avez les chiffres. Vous avez les contacts. Vous savez quoi faire demain matin.

Il ne manque plus qu'une chose : la décision de faire partie de ceux qui n'ont pas attendu.

> *"La France n'est pas un pays qui subit. C'est un pays qui décide — quand ses citoyens lui en donnent l'ordre."*

Pour aller plus loin

Toutes les sources citées dans ce livre sont accessibles en ligne. Les voici regroupées par thème.

Données et surveillance hydrique

- **BRGM** — bulletins hydrogéologiques mensuels, nappes phréatiques, Rapport Explore2 : brgm.fr / explore2.fr
- **Eaufrance / OFB** — données cours d'eau, assèchement estival (dispositif ONDE) : eaufrance.fr / ofb.gouv.fr
- **Hydroportail** — séries hydrométriques historiques : hydroportail.eaufrance.fr
- **SDES** — prélèvements d'eau en France, édition annuelle : statistiques.developpement-durable.gouv.fr
- **INRAE** — zones humides, fonctions et valeurs : inrae.fr
- **Observatoire des services publics d'eau et d'assainissement** : services.eaufrance.fr

Rapports de référence

- **Haut-commissariat à la stratégie et au Plan — *L'eau en 2050*** *: graves tensions sur les écosystèmes et les usages*, note d'analyse n°156, 25 juin 2025 : strategie-plan.gouv.fr
- **Sénat** — *Adapter la France aux dérèglements climatiques à l'horizon 2050*, rapport n°511, 2019 : senat.fr
- **Cour des comptes** — *La gestion des risques liés aux inondations*, 2023 : ccomptes.fr
- **Ministère de la Transition écologique** — *Bilan de la sécheresse 2022* : ecologie.gouv.fr

Risques climatiques et assurance

- **CCR (Caisse centrale de réassurance)** — bilans Cat Nat, régime et chiffres clés : ccr.fr
- **France Assureurs** — *Impact du changement climatique sur l'assurance à l'horizon 2050*, étude publiée en octobre 2021 : franceassureurs.fr

Agriculture et filières

- **Ministère de la Transition écologique — *Sécheresse de 2022*** *: des coûts estimés à plus de 5 milliards d'euros*, Thema Essentiel n°37, avril 2025 : ecologie.gouv.fr
- **AGPM (Association Générale des Producteurs de Maïs)** — communications publiques sur la filière maïs et le stress hydrique
- **Limagrain Europe** — *Programme HYDRANEO* : limagrain-europe.com

Financement public et européen

- **Agence France Trésor** — OAT Verte, critères d'éligibilité : aft.gouv.fr
- **Caisse des Dépôts** — partenariats public-privé, bilan 2015-2024 : caissedesdepots.fr
- **Banque européenne d'investissement** — financement infrastructures eau : bei.org
- **Commission européenne — FEDER 2021-2027, enveloppes et critères eau** : ec.europa.eu/regional_policy

Pilote des Deux-Sèvres

- **OUGC Sèvre Niortaise** — présentation du bassin, documents publics 2021 : bassins-versants-sevre-niortaise.fr
- **Préfecture des Deux-Sèvres** — arrêté PTGE 2021 : deux-sevres.gouv.fr
- **DREAL Nouvelle-Aquitaine** — bulletins de suivi hydrométrique : nouvelle-aquitaine.developpement-durable.gouv.fr

Textes législatifs

- **Code de l'environnement, articles L.211-3 et L.213-1 et suivants** : legifrance.gouv.fr
- **Loi n°46-628 du 8 avril 1946 (nationalisation électricité et gaz)** : legifrance.gouv.fr
- **Loi de finances 2025, article surprime Cat Nat** : legifrance.gouv.fr

Précédents historiques et institutions

- **Assemblée nationale** — archives débats, guide citoyen, pétitions parlementaires : assemblee-nationale.fr
- **Sénat** — questions au gouvernement, procédure : senat.fr
- **Vie-publique.fr** — synthèses droits civiques, histoire sociale française : vie-publique.fr

Alain du SAULE — Mai 2026

Définitions, sources et liens

Cette partie regroupe les définitions, sources et liens cités dans l'ouvrage. Les repères entre crochets dans le texte, par exemple [ch01-1], renvoient aux entrées ci-dessous.

Chapitre 1 — La France a soif

- **ch01-1** - Ministère de l'Agriculture et de la Souveraineté alimentaire — *Retour d'expérience sur la gestion de l'eau lors de la sécheresse 2022*, publication mars 2023, disponible sur : agriculture.gouv.fr. Données complémentaires : SDES — *Restrictions d'eau lors des périodes de sécheresse en France métropolitaine en 2023*, qui établit la comparaison 2022/2023 : 97 % du territoire en restriction en 2022 contre 82 % en 2023, et 50 % du territoire en mesures de crise fin août 2022 contre 26 % en septembre 2023, disponible sur : statistiques.developpement-durable.gouv.fr.
- **ch01-2** - Ministère de la Transition écologique et de la Cohésion des territoires — *Sécheresse de 2022 : des coûts estimés à plus de 5 milliards d'euros*, collection Thema Essentiel n°37, avril 2025. Disponible sur : ecologie.gouv.fr

- **ch01-3** - Caisse centrale de réassurance — *Bilan des catastrophes naturelles 2022* et *Rapport climat 2023* (chiffre actualisé à 3,5 Md€). Ministère de la Transition écologique — *Sécheresse de 2022 : des coûts estimés à plus de 5 milliards d'euros*, Thema Essentiel n°37, avril 2025. Disponibles sur : ccr.fr et ecologie.gouv.fr

- **ch01-4** - BRGM — *Bulletin de situation hydrogéologique*, bulletins mensuels 2022-2024. Disponible sur : brgm.fr

- **ch01-5** - Eaufrance / OFB — *L'assèchement estival des cours d'eau (2012-2024)*, datavisualisation. Disponible sur : eaufrance.fr et ofb.gouv.fr

- **ch01-6** - BRGM / INRAE — *Rapport Explore2 : Hydrologie sous changement climatique*, 2023. Disponible sur : explore2.fr

- **ch01-7** - SDES (Service des Données et Études Statistiques) — *Les prélèvements d'eau en France*, édition annuelle. Disponible sur : statistiques.developpement-durable.gouv.fr

- **ch01-8** - France Assureurs — *Impact du changement climatique sur l'assurance à l'horizon 2050*, étude publiée en octobre 2021. Périmètre : aléas naturels couverts par le régime d'indemnisation des catastrophes naturelles, hors submersion marine. Méthode : projection à partir de scénarios climatiques IPSL et MPI couplée à une projection sociodémographique (INSEE, COR, RESF du PLF 2022). Montants en euros constants 2020. Disponible sur : franceassureurs.fr (PDF de l'étude). Comparaison de cohérence avec la Caisse centrale de réassurance — *Conséquences du changement climatique sur le coût des catastrophes naturelles en France à l'horizon 2050*, septembre 2023, qui projette une hausse de la sinistralité tous périls Cat-Nat de +47 % (RCP4.5) à +85 % (RCP8.5) d'ici 2050 ; disponible sur : ccr.fr.

Chapitre 2 — Ce que disent les chiffres

- **ch02-1** - BRGM — *Nappes d'eau souterraine au 1er mai 2024*, communiqué de presse. Disponible sur : brgm.fr
- **ch02-2** - OFB (Office français de la biodiversité) — *L'assèchement estival des petits cours d'eau de l'hexagone (2012-2024)*, datavisualisation ONDE. Disponible sur : ofb.gouv.fr et eaufrance.fr
- **ch02-3** - Compagnie Nationale du Rhône (CNR) — données hydrométriques 2017, citées notamment par France Bleu / ICI dans *Le débit du Rhône pâtit de la sécheresse* (octobre 2017), avec la déclaration d'Emmanuelle Fourey, directrice adjointe de la division Rhône Méditerranée de CNR : « le débit du Rhône équivalait au mois d'octobre à seulement un tiers de son débit habituel à cette période de l'année », avec une moyenne mensuelle de 460 m^3/s. Données historiques de référence : Hydroportail (Banque Hydro nationale) — séries de débits 1920-2020, disponibles sur : hydroportail.eaufrance.fr. Synthèse Agence de l'eau Rhône Méditerranée Corse — *Les débits d'étiage du Rhône en baisse sous l'effet du changement climatique* (mars 2023), disponible sur : eaurmc.fr.
- **ch02-4** - Sénat — *Adapter la France aux dérèglements climatiques à l'horizon 2050 : urgence déclarée*, rapport n°511, 2019. Disponible sur : senat.fr

- **ch02-5** - Haut-commissariat à la stratégie et au Plan — *L'eau en 2050 : graves tensions sur les écosystèmes et les usages*, note d'analyse n°156, 25 juin 2025. Disponible sur : strategie-plan.gouv.fr
- **ch02-6** - Ministère de la Transition écologique — *Bilan de la sécheresse 2022*. Disponible sur : ecologie.gouv.fr
- **ch02-7** - France Assureurs — *Impact du changement climatique sur l'assurance à l'horizon 2050*, étude publiée en octobre 2021. Coût cumulé des aléas naturels en euros constants 2020 : 74,1 Md€ sur 1989-2019, 143 Md€ projetés sur 2020-2050 (+93 %). Sécheresse seule : 13,8 Md€ → 43 Md€. Méthode : projection à partir des modèles climatiques IPSL et MPI couplée à une projection sociodémographique (INSEE, COR). Disponible sur : franceassureurs.fr.

Chapitre 3 — La facture qui monte

- **ch03-1** - Arrêté du 22 décembre 2023 modifiant le taux de la prime ou cotisation additionnelle relative à la garantie « catastrophe naturelle » aux contrats d'assurance mentionné à l'article L. 125-2 du code des assurances, JORF n°0300 du 28 décembre 2023, texte n°25. Disponible sur : legifrance.gouv.fr (JORFTEXT000048678712)
- **ch03-2** - France Assureurs — *Bilan sinistralité 2024 et perspectives 2025*. Disponible sur : franceassureurs.fr
- **ch03-3** - Caisse centrale de réassurance — *Les catastrophes naturelles en France — Bilan 1982-2024*, juin 2025 : 2,17 Md€ de coût total Cat-Nat pour l'année 2024 ; ccr.fr — Bilan 1982-2024.

France Assureurs — *L'assurance des événements naturels en 2022*, qui donne pour 2022 : 4,67 Md€ d'indemnités versées au titre de la garantie tempête-grêle-neige (record absolu sur la grêle depuis 1984), 3,5 Md€ Cat-Nat sécheresse, 165 M€ Cat-Nat hors sécheresse ; le coût ultime cumulé pluriannuel de l'événement sécheresse 2022 est porté à 10,4 Md€ à fin 2022 du fait du déploiement progressif du retrait-gonflement des argiles. Disponible sur : franceassureurs.fr.

- **ch03-3bis** - Ministère de la Transition écologique et de la Cohésion des territoires — *Sécheresse de 2022 : des coûts estimés à plus de 5 milliards d'euros*, collection Thema Essentiel n°37, avril 2025. Disponible sur : ecologie.gouv.fr

- **ch03-3ter** - SDES / Observatoire national des risques naturels — *Chiffres clés des risques naturels, édition 2023*, janvier 2024 : 49,9 Md€2022 d'indemnisations versées par les assureurs au titre de la garantie catastrophes naturelles sur 1982-2022 ; répartition cumulée de la sinistralité Cat-Nat entre inondations (~49-50 %), sécheresse (42 %) et autres phénomènes (9 %) ; rappel de la distinction entre régime Cat-Nat, garantie Tempête-Grêle-Neige et pertes économiques directes. Note de travail : [[sdes-chiffres-cles-risques-naturels-2023]]. Disponible sur : statistiques.developpement-durable.gouv.fr

- **ch03-4** - Ministère de l'Enseignement Supérieur — *Budget de l'enseignement supérieur*, loi de finances. Disponible sur : enseignementsup-recherche.gouv.fr

- **ch03-5** - CCR (Caisse centrale de réassurance) — *Le régime Cat Nat : fonctionnement et chiffres clés*. Disponible sur : ccr.fr
- **ch03-6** - France Assureurs — *Impact du changement climatique sur l'assurance à l'horizon 2050*, étude publiée en octobre 2021. Disponible sur : franceassureurs.fr

Chapitre 4 — Pourquoi nos dirigeants n'agissent pas

- **ch04-1** - Haut-commissariat à la stratégie et au Plan — *L'eau en 2050 : graves tensions sur les écosystèmes et les usages*, note d'analyse n°156, 25 juin 2025. Disponible sur : strategie-plan.gouv.fr
- **ch04-2** - BRGM — *Rapport Explore2 : hydrologie sous changement climatique*, 2023. Disponible sur : explore2.fr
- **ch04-3** - Sénat — *Adapter la France aux dérèglements climatiques à l'horizon 2050*, rapport n°511, 2019. Disponible sur : senat.fr
- **ch04-4** - Cour des Comptes — *La gestion des risques liés aux inondations*, rapport public, 2023. Disponible sur : ccomptes.fr
- **ch04-5** - Code de l'environnement, articles L.213-1 et suivants — organisation des agences de l'eau. Disponible sur : legifrance.gouv.fr
- **ch04-6** - Observatoire des Services Publics d'Eau et d'Assainissement — *Données sur les services d'eau en France*. Disponible sur : services.eaufrance.fr
- **ch04-7** - BRGM — *Nappes d'eau souterraine au 1er mai 2024*. Disponible sur : brgm.fr

Chapitre 5 — Le réseau électrique a sauvé la France. L'eau peut faire pareil.

- **ch05-1** - SDED (Syndicat Départemental d'Énergie et d'Équipement de la Dordogne) — *Histoire de la distribution d'électricité en France.* Disponible sur : sded.org
- **ch05-2** - Loi n°46-628 du 8 avril 1946 sur la nationalisation de l'électricité et du gaz. Disponible sur : legifrance.gouv.fr
- **ch05-3** - EDF Groupe — *80 ans au service de l'énergie de la France*, histoire institutionnelle. Disponible sur : edf.fr
- **ch05-4** - Code de l'environnement, articles L.213-1 et suivants. Disponible sur : legifrance.gouv.fr
- **ch05-5** - INRAE — *Zones humides : fonctions et valeurs*, dossier thématique. Disponible sur : inrae.fr
- **ch05-6** - Compagnie de Craponne / ASA — *Histoire du Canal de Craponne (1554).* Disponible sur : asacompagniedecraponne.com
- **ch05-7** - UNESCO — *Canal du Midi*, bien inscrit au patrimoine mondial, 1996. Disponible sur : whc.unesco.org
- **ch05-8** - Loi du 19 juin 1857 relative à l'assainissement et à la mise en culture des Landes de Gascogne. Disponible sur : legifrance.gouv.fr
- **ch05-9** - Eaufrance — *Les services publics d'eau et d'assainissement.* Disponible sur : eaufrance.fr

Chapitre 6 — Comment fonctionne le Grid

- **ch06-1** - Société du Canal de Provence et d'Aménagement de la Région Provençale (SCP) — Chiffres clés du réseau : 210 km d'ouvrages de transport, 5 800 km de canalisations d'adduction et de distribution, 4 grands barrages et plus de 80 réserves et réservoirs de proximité, 81 stations de pompage, 15 microcentrales hydroélectriques ; mise en service progressive à partir des années 1960. Disponible sur : canaldeprovence.com

- **ch06-2** - Rijkswaterstaat — Programme *Room for the River* (Ruimte voor de Rivier), 2005-2015, 2 milliards d'euros, plus de 30 sites d'intervention sur le Rhin et la Meuse. Le programme a permis de **ramener la probabilité d'inondation majeure de 1/100 à 1/1 250 ans** pour les zones traitées, en élargissant la capacité d'écoulement à **16 000 m³/s** sur les branches du Rhin à l'horizon 2015. Voir aussi : Gouvernement néerlandais — Système des zones de stockage d'eau (*bergingsgebieden*), inscrit dans le Water Act ; Delta Programme — Plan national de protection contre les inondations à l'horizon 2050. Pour l'analyse quantitative de la réduction du risque hydraulique : Klijn et al., *Room for Rivers: Risk Reduction by Enhancing the Flood Conveyance Capacity of The Netherlands' Large Rivers*, MDPI Geosciences 8(6), 224, 2018. Disponibles sur : rijkswaterstaat.nl, english.deltaprogramma.nl, et mdpi.com/2076-3263/8/6/224.

- **ch06-3** - Eaufrance — *L'eau et les milieux aquatiques : le grand cycle de l'eau*. Disponible sur : eaufrance.fr

- **ch06-4** - Eaufrance — *Les précipitations efficaces.* Disponible sur : eaufrance.fr
- **ch06-5** - INRAE — *Zones humides : fonctions et valeurs*, dossier thématique. Disponible sur : inrae.fr
- **ch06-6** - Eaufrance — *Les impacts de l'artificialisation sur l'eau et les milieux aquatiques.* Disponible sur : eaufrance.fr
- **ch06-7** - Ordre de grandeur extrapolé par l'auteur à partir des données publiques : le SDES évalue la ressource en eau renouvelable de la France métropolitaine à près de 211 milliards de m^3/an en moyenne sur 1990-2021, et indique 29,3 milliards de m^3 d'eau douce prélevés en France en 2022 hors hydroélectricité. Voir : SDES — *L'eau en France : ressource et utilisation*, Bilan environnemental 2024 ; SDES — *Ressource en eau*, état des connaissances 2025. Disponible sur : statistiques.developpement-durable.gouv.fr
- **ch06-8** - **Note méthodologique — hypothèses de dimensionnement de l'auteur.** Les chiffres relatifs au dimensionnement du Grid Hydrique National — 1 000 bassines, capacités unitaires de 100 000 à 1 million de m^3, 500 millions de m^3 de stockage total, 500 à 1 000 km de canalisations par département, 5 milliards de m^3/an mobilisés en Phase 1, 10 milliards de m^3/an transférés en Phase 2, et les tracés Massif Central → Sud-Ouest (300 km, 2 Md m^3/an) et Normandie → Centre (400 km, 1,5 Md m^3/an) en Phase 3 — sont des **hypothèses de dimensionnement de l'auteur**. Elles ont vocation à donner un ordre de grandeur cohérent, pas à se

substituer à un avant-projet sommaire ou détaillé. Trois références techniques sont utilisées comme étalons : (i) la Société du Canal de Provence, qui exploite 210 km d'ouvrages de transport et 5 800 km de canalisations de distribution pour un bassin régional ; (ii) le pilote des Deux-Sèvres, où 16 réserves stockent au total ~6,2 Mm^3 pour 230 exploitations sur 9 600 ha, soit ~390 m^3 par hectare irrigué (cf. note ch08-1) ; (iii) la ressource renouvelable française de ~211 Md m^3/an et les prélèvements de 29,3 Md m^3/an (cf. note ch06-7). Une étude d'avant-projet sommaire à l'échelle nationale est nécessaire avant tout engagement opérationnel ; les volumes et tracés cités ici constituent une cible de discussion, pas un projet figé.

- **ch06-9** - https://www.statistiques.developpement-durable.gouv.fr/edition-numerique/chiffres-cles-risques-naturels/partie2-inondations-sinistralite-exposition-prevention

Chapitre 7 — Qui finance, combien, comment

- **ch07-1** - Société des Grands Projets (anciennement Société du Grand Paris) — *Données financières 2023* et décision du conseil d'administration du 7 octobre 2021 fixant le coût total actualisé du Grand Paris Express à 36,1 milliards d'euros ; Sénat — *Coûts et financement du Grand Paris Express*, rapport d'information n°44 (2020). Disponible sur : societedesgrandsprojets.fr et senat.fr
- **ch07-2** - France Assureurs — *Impact du changement climatique sur l'assurance à l'horizon 2050*, étude publiée en octobre 2021. Disponible sur : franceassureurs.fr

- **ch07-3** - Commission européenne / DGREGION — *FEDER 2021-2027 : enveloppes par État membre et critères d'éligibilité infrastructures eau.* Disponible sur : ec.europa.eu/regional_policy
- **ch07-4** - Banque européenne d'investissement — *Climate action and environmental sustainability : water infrastructure*, rapport annuel 2023. Disponible sur : bei.org
- **ch07-5** - Agence France Trésor — *OAT Verte (Green Bond) : émissions et critères d'éligibilité*, cadre de référence 2017 mis à jour en 2023. Disponible sur : aft.gouv.fr
- **ch07-6** - Caisse des Dépôts — *Les partenariats public-privé dans les infrastructures à impact environnemental : bilan 2015-2024.* Disponible sur : caissedesdepots.fr
- **ch07-7 - Estimation auteur — retombées fiscales sur 25 ans.** Méthode : pour un investissement public de 100 Md€ sur 10 ans dépensé essentiellement en France (terrassement, BTP, métallurgie, ingénierie), on retient un taux de retour fiscal cumulé de 80 à 100 % de l'investissement initial sur 25 ans, ventilé entre TVA (taux moyen pondéré ~17 % sur travaux BTP et fournitures), cotisations sociales et IR sur emplois directs et indirects (~30 % de la masse salariale chargée), et IS sur les entreprises mobilisées. L'ordre de grandeur est cohérent avec la méthodologie d'évaluation socio-économique des grands projets d'infrastructure recommandée par France Stratégie : Quinet — *L'évaluation socio-économique des investissements publics*, rapport France Stratégie, septembre 2013, et mises à jour ultérieures ; Trésor — *Guide méthodologique de l'évaluation*

socio-économique, 2017. La fourchette retenue (80-100 Md€) est volontairement prudente : à titre de comparaison, le bilan du programme nucléaire EDF 1974-1999 montre qu'1 € investi en infrastructure énergétique produit en moyenne 0,7 à 1,2 € de recettes fiscales cumulées sur 25 ans selon les hypothèses macroéconomiques retenues. Disponible sur : strategie-plan.gouv.fr et tresor.economie.gouv.fr.

- **ch07-8** - Commission européenne — *Stratégie pour la résilience dans le domaine de l'eau*, ancrée dans une vision européenne à l'horizon 2050 ; Agence européenne pour l'environnement — *Water scarcity conditions in Europe*, indicateur sur le stress hydrique et les tensions saisonnières, notamment en Europe du Sud. Disponible sur : commission.europa.eu et eea.europa.eu

- **ch07-9** - Enedis — *L'enfouissement des lignes électriques pour éviter les incidents liés aux intempéries* ; ARCEP — documents sur la mutualisation du génie civil et l'accès aux fourreaux pour le déploiement de la fibre ; Ministère de la Transition écologique — *Canalisations de distribution de gaz combustible*, réseau généralement enterré et géré notamment par GRDF et les entreprises locales de distribution. Disponible sur : enedis.fr, arcep.fr, ecologie.gouv.fr

- **ch07-11** - **Proposition auteur — plan de financement 40/30/20/10.** La ventilation proposée (40 Md€ fonds européens / 30 Md€ OAT verte / 20 Md€ PPP / 10 Md€ collectivités) est une **maquette de référence**, pas un montage figé. Ordres de grandeur de calibration : (i) le FEDER 2021-

2027 mobilise 9,07 Md€ pour la France, le FEADER environ 11 Md€ sur la même période, et le programme « eau » de la BEI annonce **15 Md€ sur 2025-2027** au niveau européen — un fléchage de 4 Md€/an d'instruments européens combinés est donc plausible si le Grid est positionné comme projet d'intérêt européen ; sources : europe-en-france.gouv.fr, eib.org. (ii) L'Agence France Trésor avait un encours d'OAT vertes de **76 Md€ fin 2024, 83 Md€ en juillet 2025**, avec 14,2 Md€ émis sur la seule année 2024 ; un fléchage de 3 Md€/an sur dix ans représente ~20-25 % des émissions annuelles attendues, ce qui est tenable ; source : aft.gouv.fr — Green OAT. (iii) Le modèle de PPP avec les assureurs s'appuie sur le calcul rationnel : éviter 25 Md€ de sinistres inondation et plusieurs dizaines de milliards de sinistres sécheresse justifient économiquement un co-financement préventif. (iv) La part « collectivités » (10 Md€) prolonge les contributions déjà engagées par les régions, départements et agences de l'eau, sans création d'un nouveau prélèvement. Les pourcentages exacts (40/30/20/10) sont une cible de négociation, pas un plan d'exécution.

- **ch07-12** - **Estimation auteur — sinistres inondation évités.** Calcul : France Assureurs projette 143 Md€ de sinistres cumulés tous périls sur 2020-2050, dont 43 Md€ pour la sécheresse (cf. note ch07-2). Les ~100 Md€ restants se répartissent entre inondations et tempêtes ; en retenant une part inondation de l'ordre de 50 % du résidu (cohérente avec les bilans CCR historiques), on obtient une exposition inondation totale d'environ 50 Md€ sur 2020-2050. Une réduction de 50 %

du risque sur la fenêtre 2030-2050 (Grid pleinement opérationnel à partir de 2030) appliquée à la part de l'exposition concernée par cette fenêtre conduit à **~25 Md€ évités.** La valeur de référence pour le facteur de réduction (×2 à ×12 selon la maturité du programme) est calibrée sur l'expérience néerlandaise « Room for the River » (cf. note ch06-2) : probabilité d'inondation majeure ramenée de 1/100 à 1/1 250 ans sur les zones traitées. La fourchette prudente retenue (~25 Md€) est cohérente avec la moitié basse de la trajectoire.

- **ch07-10** - **Estimation auteur — emplois créés.** Méthode : ratio d'intensité en emploi des grands chantiers d'infrastructure en France, de l'ordre de **5 000 emplois-année par milliard d'euros investi** en travaux publics (construction directe + sous-traitance + chaîne d'approvisionnement). Sources de calibration : DGITM / France Mobilités — bilans d'emplois des grands chantiers ferroviaires LGV (LGV Est, LGV Sud-Europe-Atlantique) ; rapports de la Société des Grands Projets sur le Grand Paris Express (~115 000 emplois cumulés annoncés sur 36 Md€ d'investissement, soit ~3 200 emplois-année par milliard si on étale sur 10 ans) ; rapports parlementaires sur l'EPR2 et le programme nucléaire. Pour 100 Md€ × 5 000 emplois-année/Md€ = 500 000 emplois-année, soit, étalés sur 10 ans, environ **50 000 emplois en moyenne par an.** Borne basse plausible : 35 000 ; borne haute : 65 000. Ces emplois sont essentiellement non délocalisables : terrassiers, canalisateurs, hydrauliciens, soudeurs, électriciens industriels, ingénieurs systèmes, techniciens de maintenance. La phase de maintenance/exploitation post-construction génère un emploi récurrent estimé à 5 000-10 000 ETP de manière permanente, par analogie avec les opérateurs de transport et de distribution d'eau existants (Veolia, Suez, régies publiques).

Chapitre 8 — Le pilote des Deux-Sèvres : ce qu'il prouve vraiment

- **ch08-1** - Ministère de la Transition écologique et de l'Agriculture — CGEDD / CGAAER, *Retenues de substitution d'irrigation dans les Deux-Sèvres*, rapport de mission, juillet 2018. Le rapport confirme 9 600 ha irrigués dans 230 exploitations et un projet initial de 19 retenues pour 8,65 Mm³, et établit que l'équilibre financier suppose un financement public de 70 %. Disponible sur : igedd.documentation.developpement-durable.gouv.fr. Pour le coût total chiffré du projet (≈ 59 M€ dans la version la plus citée du dossier, avec des variantes à 52 M€ et 63,56 M€ selon les pièces), voir le dossier d'enquête publique 2017 de la Société coopérative anonyme de l'eau des Deux-Sèvres / Coop de l'eau 79, soit environ 6,8 €/m³ substitué et un financement public de l'ordre de 80 %. Pièces consultables sur : marais-poitevin.org et préfecture des Deux-Sèvres.

- **ch08-2** - Ministère de l'Intérieur — *Sainte-Soline : rapports des opérations d'ordre public du 24 au 26 mars*, publication du 28 mars 2023, comprenant les rapports de la préfecture des Deux-Sèvres et de la Gendarmerie nationale. Disponible sur : interieur.gouv.fr

- **ch08-3** - Code de l'environnement, art. L.211-3 et R.211-112 — Organismes uniques de gestion collective des prélèvements d'eau pour l'irrigation ; Ministère de l'Agriculture — *Bilan du dispositif des organismes uniques de gestion collective de l'eau*, 2020. Disponible sur : legifrance.gouv.fr et agriculture.gouv.fr

- **ch08-4** - Cour administrative d'appel de Bordeaux, arrêt du 18 décembre 2024, affaires n° 21BX02981 et 23BX01579 — *Contentieux des bassines dans le bassin de la Sèvre Niortaise-Mignon.* La cour s'est prononcée sur les arrêtés inter-préfectoraux des 23 octobre 2017, 20 juillet 2020 et 22 mars 2022 : 19 réserves initiales pour 8 648 582 m³, ramenées à 16 pour 7 027 594 m³, puis à 6 194 042 m³. Quatre réserves — Sainte-Soline, Messé, Mougon (Deux-Sèvres) et Saint-Sauvant (Vienne) — ont été jugées illégales en l'absence de dérogation « espèces protégées » au titre de la protection de l'outarde canepetière (*Tetrax tetrax*). Disponible sur : bordeaux.cour-administrative-appel.fr et conseil-etat.fr

- **ch08-5** - BRGM — *Expertise du projet de réserves de substitution dans les Deux-Sèvres*, note explicative du rapport RC-71650, 2023. Le BRGM précise les objectifs, limites et hypothèses de la simulation : modèle régional, période de référence 2000-2011, effets du changement climatique non simulés. Disponible sur : brgm.fr

Chapitre 9 — Le peuple a déjà changé la France

- **ch09-1** - Sécurité sociale — *Les grandes dates* et *Les grands textes de la Sécurité sociale* : programme du CNR de mars 1944, ordonnances des 4 et 19 octobre 1945 ; Vie-publique — chronologie de la politique familiale, qui rappelle que l'ordonnance du 4 octobre 1945 établit le nouveau régime de Sécurité sociale et met fin au monopole patronal dans les caisses d'allocations familiales. Source de fond imprimée : Henri Hatzfeld, *Du paupérisme à la Sécurité sociale, 1850-1940. Essai sur les origines de la Sécurité sociale en France*, Presses universitaires de Nancy, 1989. Notice vérifiable via WorldCat, Cambridge Core / *Annales*, Google Books et LCDPU. Disponible sur : securite-sociale.fr, vie-publique.fr, worldcat.org

- **ch09-2** - Ministère de l'Intérieur — *Droit de vote des femmes : un long processus* ; Vie-publique — *Grandes étapes de la conquête du droit de vote des femmes*. Ces sources rappellent l'ordonnance du 21 avril 1944, le premier vote des Françaises aux municipales des 29 avril et 13 mai 1945, et le rôle du contexte de la Seconde Guerre mondiale. Source de fond imprimée : Georges Duby et Michelle Perrot (dir.), *Histoire des femmes en Occident, tome V : Le XXe siècle*, Perrin / Tempus, 2002. Notice vérifiable via catalogues de bibliothèques et librairies. Disponible sur : elections.interieur.gouv.fr, vie-publique.fr

- **ch09-3** - Assemblée nationale — *Abolition de la peine de mort* : discours de Robert Badinter du 17 septembre 1981, adoption par l'Assemblée nationale le 18 septembre 1981 par 363 voix contre 117, vote du Sénat puis promulgation de la loi le 9 octobre 1981. Disponible sur : assemblee-nationale.fr

- **ch09-4** - Sénat — *Rapport sur l'abolition de la peine de mort*, 1981 : synthèse des sondages d'opinion indiquant que les sondages très récents publiés au moment du débat donnaient 62 à 63 % de réponses hostiles à l'abolition ; Assemblée nationale, discours de Claude Bartolone, 2013, rappelant que les sondages indiquaient encore 62 % de Français réservés à la veille du vote. Source de fond imprimée : Robert Badinter, *L'Abolition*, Fayard, 2000, ouvrage autobiographique et documentaire sur son combat abolitionniste, vérifiable via Fayard et Criminocorpus. Disponible sur : senat.fr / peinedemort.org, assemblee-nationale.fr, fayard.fr

Chapitre 10 — Ce que vous pouvez faire dès demain

- **ch10-1** - Ministère de la Transition écologique — *Propluvia : portail national des arrêtés sécheresse.* Disponible sur : propluvia.developpement-durable.gouv.fr

- **ch10-2** - Assemblée nationale / Sénat — *Les questions au gouvernement : procédure et délais de réponse.* Disponible sur : assemblee-nationale.fr / senat.fr

Chapitre 11 — Les alliés à mobiliser

- **ch11-1** - Ministère de la Transition écologique et de la Cohésion des territoires — *Sécheresse de 2022 : des coûts estimés à plus de 5* *milliards d'euros*, collection Thema Essentiel n°37, avril 2025. Disponible sur : ecologie.gouv.fr

- **ch11-2** - France Assureurs — *Impact du changement climatique sur l'assurance à l'horizon 2050*, étude publiée en octobre 2021. Disponible sur : franceassureurs.fr
- **ch11-3** - Caisse centrale de réassurance — *Rapport d'activité et bilan technique du régime Cat Nat*, édition la plus récente. Voir également : Fonds de prévention des risques naturels majeurs (dit « Fonds Barnier »), ministère de la Transition écologique. Disponibles sur : ccr.fr et ecologie.gouv.fr
- **ch11-4** - AGPM (Association Générale des Producteurs de Maïs) — communications publiques sur le stress hydrique de la filière maïs. Voir également : Limagrain Europe, *Programme HYDRANEO — approche globale du risque sécheresse* ; Bonduelle / Maïsadour / Vivadour / Euralis, partenariat de filière maïs doux dans les Landes (2023).